바벨탑이 희 ▲ 니 났 ㅍ

바벨탑의 힉스 사냥꾼

우리 과학자가 들려주는 힉스 입자 이야기

김동희

사이언스
SCIENCE 북스
BOOKS

우리 가족 경희, 민진, 민정에게

책을 시작하며

20세기 들어 인류가 축적한 새로운 지식의 양은 인류가 유사 이래 쌓아 온 지식의 양에 비해 엄청나게 많다. 모든 분야에서 그렇거니와 이것은 과학이라는 영역에서 특히나 두드러진다. 특정 분야에 국한되지 않고 과학의 모든 분야에서 새로운 사실들이 방대하게 발견되어 세상 속으로 쏟아져 나왔다. 18세기 후반부터 시작된 산업 혁명과 19세기 들어 체계화된 전자기 현상에 대한 이해의 증진, 그리고 이런 지식과 기술 들을 응용하여 고안된 도구와 장치 들이 새로운 현상을 알아내는 데 광범위하게 쓰임으로써 과학이라는 이름의 지식 체계는 폭발적으로 팽창했다.

이 과정에서 자연에 대한 과학자들의 사고 방식은 근본적인 변화를 겪게 되었다. 그 변화의 중심축이 바로 양자 역학과 상대성 이론이다. 이 두 거대한 축을 중심으로 해서 물리학, 화학, 생물학 등 자연 과학의 세계는 20세기 초 거대한 전환을 맞이하게 된다. 이 전환 이전의 뉴턴 역학은 고전 역학이라 불리게 되면서 현대 물리학과 구별되었다.

오늘날 과학자들은 새로운 과학을 바탕으로 우주와 생명의 진화 같은 커다란 존재들이 만드는 현상에서부터 물질의 기본 단위인 기본 입자와 우주 구석구석에서 작용하는 자연의 힘들이 만드는 물리적 상호 작용까지 넓게, 그리고 깊이 이해하게 되었다. 현대 물리학의 한 갈래인 입자 물리학은 바로 이 기본 입자와 자연의 힘을 설명하는 과학이다. 물리학자들은 이론과 실험이라는 날실과 씨실을 엮어 입자 물리학이라는 학문을 직조해 나가고 있다.

입자 물리학의 대표적인 이론이 이른바 표준 모형(Standard Model)이다. 이 이론적 모형은 지난 40년간 이뤄진 모든 실험 결과와 일치한다. 자연을 잘 기술하고 있는 모형이라고 믿기에 부족함이 없다. 그러나 이 표준 모형도 자연과 우주의 모든 것을 기술하고 설명하는 것은 아니다. 이 표준 모형 너머에는 광대한 미지(未知)의 세계가 펼쳐져 있을 것이다. 우리 인류가 언젠가 이 모든 것을 다 이해하게 될까? 감히 그렇다고 답할 수 있는 용감한 사람은 그리 많지 않을 것이다.

그러나 우리가 모르는 게 아직도 많다는 것, 그리고 우리가 그것을 다 알 수 없으리라는 사실에 실망할 필요는 없다. 20세기 말과 21세기의 첫 10년 동안 현대 과학, 특히 입자 물리학의 세계에서는 20세기 초 양자론과 상대론이 일으켰던 변화에 못지않은 '혁명적' 변화가 일어나고 있으며 우리는 그것을 동시대인으로서 목격하고 있기 때문이다.

20세기 말에 이루어진 톱 쿼크의 발견을 통해 입자 물리학자들은 표준 모형의 골격을 이루고 있는 기본 입자들을 다 찾아냈다. 그러나 이 기본 입자들에 질량을 부여하는 메커니즘의 존재를 제시하는 힉스 입자만 발견하지 못한 상태로 21세기를 맞이했다. 물리학자들은 톱 쿼크 발견 이후 10년 넘게 미국 페르미 연구소의 테바트론을 이용해 힉스 입자를 탐색했다. 그리고 2011년 이후에는 CERN의 새로운 가속기인 LHC가 그 바턴을 이어받아 힉스 입자 탐색을 계속 했다.

마침내 LHC를 이용한 실험에서 2012년 7월 4일 새로운 입자가 발견되었다. 그리고 2013년 힉스 메커니즘(Higgs Mechanism)을 제안한 물리학자들에게 노벨 물리학상이 수상되었다. 이 발견을 둘러싸고 전 세계 매스컴은 뜨거운 관심을 보였다. 힉스 입자의 발견뿐만 아니라, 힉스 입자를 발견해 내는 데 결정적인 역할을 한 LHC의 건설과 가동을 둘러싸고 입자 물리학계는 최근 몇 년 동안 정말 긴박하게 돌아갔다. 이 놀라운, 어쩌면 당연할지도 모를 발견에 물리학자들은 열정적으로 참여했고, 정말로 대단한 성과를 세상에 내놓았다.

이 책에서는 힉스 입자의 발견에 관한 이야기를 소개하려고 한다. 아주 작은 입자를 탐색하는 아주 거대한 과학의 이야기이기도 하고, 입자와 힘 등 물리적 양만 존재하는 것 같은 창백한 자연 세계를 탐구하는 열정적인 이론가들과 실험가들의 이야기이기도 하다. 독자들이 가지고 있을 힉스 입자에 대한 궁금증을 풀어내고자 노력했다. 이 책을 통해 독자들이 힉스 입자의 물리학적, 역사적 배경을 이해하는 것은 물론, 발견에 이르기까지의 과정에 대해 윤곽을 잡을 수 있으면 좋겠다.

힉스 입자의 발견은 입자 물리학 연구의 끝은 아니다. 오히려 시작이다. 이 새로운 시작의 출발선에 서 있는 것은 한두 명의 천재가 아니다. 수천 명에 이르는 실험가들과 이론가들이 함께 서 있다. 어떨 때에는 어깨동무를 하기도 하고 어떨 때에는 서로 밀치며 경쟁을 하기도 하지만 이 거대한 사명의 깃발을 공유하고 있다. 수많은 사람이 하나의 목적을 가지고 모인 집단에서는 입자 사이의 역학과는 다른 역학이 작용한다. 이 사람 사이의 역학을 연구하는 것이 사회학이다. 나는 전문적인 사회학자는 아니지만 물리학자들이 만드는 사회 속에서 벌어지는 독특한 모습을 소개해 보고자 한다. 이 역시 이 책의 중요한 내용이라 할 수 있을 것이다.

본래 이 책은 필자의 블로그에 「바벨탑의 사회학」이라는 제목으로 연재한 것을 기반으로 하고 있다. 그 내용을 바탕으로 힉스 입자와 표준 모형에 얽힌 최근 발견들에 주안점을 두어 글을 썼다. 이 책이 나오게 된 데 도움을 준 여러분, 그리고 출판을 결정해 준 (주)사이언스북스의 식구 여러분에게 감사드린다. 모쪼록 이 책이 과학의 대중화에 도움이 되기를 희망한다.

2014년 가을을 맞으며

김동희

발견의 바벨탑에서

2012년 7월 4일 아침, 스위스 제네바에 있는 유럽 입자 물리 연구소 (CERN)[1]의 분위기는 여느 때와 사뭇 달랐다. 연구소 정문에서 방문자들의 신분증을 하나하나 훑어보고 들여보내는 문지기의 표정도 예사롭지 않아 보였다. 신분증을 받아들고 본부를 향한 발걸음을 옮겼다.

CERN의 연구소 중심 지역은 그야말로 중구난방 미로이다. 수십 년 전 설립 이후 그때그때 필요에 따라 건물들이 지어졌기 때문이다. 정문에서 기자 회견장이 있는 본부 건물까지 가려면 정문을 지나 다시 나오는 오래된 철문을 통과하고 나서도 왼쪽, 오른쪽 십여 번 꺾어야 한다. 서두른다고 했는데도 이미 많은 사람들이 본부 건물의 주회의장(main auditorium) 자리를 가득 메우고 있었다.

정말 발견할 걸까? 벌써 2년 전부터 전 세계 언론의 집중 관심을 받아 온 대형 강입자 충돌기(Large Hadron Collider, LHC)는 여러 차례의 사고와 가동 정지, 수리 과정을 거치며 어느새 양치기 소년쯤으로 전락되어 가고 있는 것 같았기 때문이다. 바로 그즈음에 CERN은 '힉스'라는 새로운 입자 발견에 대한 기자 회견을 자청했다. 과연 어떤 발표가 나올까? 기자 회견 전까지 CERN은 자신들의 기자 회견 내용을 비밀에 붙였다. 소문은 무성했지만 과연.

기자 회견장에 소장 롤프 호이어(Rolf Heuer)가 나타났다. 그리고 바로 선언했다. '입자'를 발견했노라고. 가슴이 뛰었다. 호이어의 앞, 기자 회견장의 가장 앞자리에는 피터 힉스(Peter Higgs)가 앉아 있었다. 1964년 힉스 입자와 힉스 메커니즘에 대한 이론을 처음 제안한 물리학자였다. CERN이 오늘 기자 회견장에 특별히 초대한 거였다.

사실 LHC의 가동과 함께 시작된 힉스 입자에 대한 전 세계적인 관심은 2년 여 동안 소문과 진실 사이를 오가며 증폭되었다. 힉스 입자에 대한 관심과 소문은 블로그나 트위터 같은 각종 SNS(Social Network Service, 사회 관계망 서비스)를 통해 전 세계로 빠르게 확산되었고, CERN의 공식적 발표를 무색하게 만들 만큼 그럴싸한 포장까지 입혀져 발견된 것처럼 언론을 타기도 했다. 과학적으로 확실하게 발견이라고 검증될 때까지 국제 사회는 기다리지 못하고 있었다.

소문의 시발점은 당연히 실험을 수행하고 있는 CMS와 ATLAS 그룹의 누군가가 틀림없었다. 본래 CERN의 공식 발표가 있기 전까지는 개인이든, 실험 그룹이든 외부에 실험 결과를 발표하면 안 된다는 게 공식적인 규정이었다. 그러나 어떤 그룹이든 입빠른 누군가는 항상 존

그림 0.1　2012년 7월 4일 CERN에서 열린 힉스 입자 발견 발표 기자 회견장. 모두 다 힉스 입자 발견에 관한 그래프를 지켜보고 있다. 서 있는 사람은 왼쪽부터 차례로 ATLAS 실험 대표, CERN 소장 그리고 CMS 실험 대표이다.

재한다. 그가 성과에 굶주린 자이든, 공명심으로 가득한 자이든, 그저 말실수를 잘하는 자이든 말이다.

하지만 이번 기자 회견으로 모든 소문에는 마침표가 찍히게 되었다. 힉스 입자가 정말로 발견되었기 때문이다!

힉스 입자는 입자 물리학자들에게 1995년 톱 쿼크의 발견 이후 반드시 발견해야만 하는, 발견되어야만 하는, 아니 발견될 수밖에 없는 입자였다. 톱 쿼크 발견으로 표준 모형이 예측한 경입자(lepton)와 쿼크(quark) 들은 모두 발견되었다. 물질을 이루는 기본 입자들과 그 입자들 사이의 상호 작용을 매개하는 매개 입자(힘 전달 입자)들이 모두 발견된 것이다. 그러나 그 입자들에 질량을 부여해 주는 메커니즘과 관련된 것으로 추정되는 힉스 입자만 미발견 상태로 남아 있었다. 힉스 입자는 20세기 후반 입자 물리학자들이 찾아야 했던 마지막 퍼즐 조각이었던 것이다. 그리고 17년 만에 힉스 입자가 발견되었다. 이제 표준 모형의 퍼즐은 완성되었다.

여기서 한 가지 짚고 넘어갈 게 있다. 세간에서는 힉스 입자가 다른 기본 입자들에게 질량을 부여하는 것처럼 이야기들 하지만, 실제로는 힉스 입자 자체가 기본 입자에게 질량을 부여하는 것은 아니다. 표준 모형에서 기본 입자는 힉스 메커니즘에 따라 입자는 질량을 가지게 된다. 그리고 이 힉스 메커니즘은 힉스 입자라는 새로운 입자의 존재를 필연적으로 암시하고 있다. 따라서 표준 모형이 옳다면, 이 입자는 발견되어야만 했던 것이다.

힉스 입자라는 명칭은 이 메커니즘을 처음으로 제시한 사람들 중의 한 사람의 이름에서 유래되었다. 그가 바로 영국 출신의 물리학자인 피터 힉스인데 현재 에딘버러 대학교의 명예 교수로 있다. 1964년 힉스가 「깨진 대칭성들과 게이지 보손들의 질량들(Broken symmetries and the masses of gauge bosons)」이라는 1쪽 반짜리의 짧은 논문[2]을 제출한 이래, 물리학자들은 기본 입자가 질량을 갖는 메커니즘을 '힉스 메커니즘'이라 표현했고 메커니즘에 등장하는 입자를 '힉스 입자'라고 명명했다.

그러나 이 메커니즘을 제시한 사람이 힉스 혼자는 아니다. 비슷한 시기에 이를 제안한 논문들이 두 편 더 있다. 그중 한 편은 벨기에의 푸

랑수아 앙글레르(François Englert)와 로버트 브라우트(Robert Brout)가 함께 발표한 논문이고, 나머지 한 편은 미국의 제럴드 구랄니크(Gerald Guralnik), 리처드 하겐(C. Richard Hagen), 톰 키블(Tom Kibble) 세 사람이 공동으로 발표한 논문이다. 그러므로 힉스 메커니즘을 제안한 공헌자는 모두 6명이다. 시기적으로는 논문 출판은 모두 1964년이지만 미국 물리학자 세 사람이 공동으로 쓴 논문이 가장 늦다. 이 논문들을 인용한 논문의 수는 해마다 증가하고 있다. 최근에는 연간 1,000편이 넘고 있다. 인용 지수만 봐도 힉스 메커니즘을 입증하기 위해 힉스 입자를 발견하는 일이 얼마나 중요한지 짐작할 수 있다.

다시 CERN으로 돌아가 보자. 주회의장은 새로운 입자의 발견 선언 직후 웅성거리기 시작했다. 물론 이를 지켜본 것은 강당 내의 사람들만이 아니었다. 원격으로 전 세계로 생중계되었기 때문에 PC, 노트북, 태블릿 등으로 지켜본 수많은 사람들도 감회가 남달랐을 것이다. ATLAS와 CMS 두 그룹의 대표들의 발견에 대한 상세한 설명이 이어졌고 곧이어 전 세계 언론의 질문이 쏟아졌다. 마치 힉스 입자의 발견을 위해서 LHC가 건설된 것처럼 지난 10년 넘게 CERN이 언론에 홍보해 온 탓인지 당연히 힉스 메커니즘을 제시한 물리학자들에게 언론의 관심이 쏟아졌다.

힉스 메커니즘은 힉스 혼자만의 결과물이 아니었기에 그 자리에는 힉스 메커니즘 발견자 중 다른 사람들도 와 있었다. 특히 앙글레르와 힉스는 그 자리에서 태어나고 처음으로 대면했다. 기자 회견 직후 두 사람은 같이 마주앉아 대화를 나누었고, 그 장면은 언론의 플래시 세

례를 받기에 충분했다.

2013년 10월 8일, 2013년 노벨 물리학상은 힉스와 앙글레르에게 공동 수여되었다. 노벨상은 살아 있는 사람이나 단체에 주며 개인의 경우 최대 세 명까지 준다. 앙글레르와 논문을 같이 쓴 브라우트는 이미 고인이 되어 상을 받지 못했다. 한국 시간으로 오후 6시 45분으로 예정되어 있던 스웨덴 노벨상 위원회의 수상자 발표는 전례 없이 예정 시간에서 1시간 지연되고서야 발표되었다. 소문에 따르면 힉스 입자 발견에 결정적인 공헌을 한 CERN의 두 실험 그룹도 당연히 상을 받아야 한다는 문제 제기가 있어서 발표 시간이 지연되었다고 한다. 그러나 그것은 노벨상 수상의 규정을 바꿔야 가능하다.

그림 0.2 2012년 7월 4일 CERN에서 대화를 나누는 앙글레르(왼쪽)와 힉스(오른쪽). 그들은 CERN의 기자 회견장에서 태어나고 처음 대면했다. 언론의 대단한 관심을 받았다.

자 이제, 힉스 입자의 발견, 즉 힉스 메커니즘의 존재 증명이라는 하나의 문제가 해결되었다. 물리학의 역사에서 하나의 시대가 막을 내린 셈이다. 이 발견 덕분에 인류는 다시 과학의 역사에서 한 걸음 더 내딛을 수 있게 되었다. 우리의 지식이 좀 더 넓어지고 좀 더 깊어진 것은 분명하다. 그러나 우리 앞에는 아직도 광대한 무지(無知)의 우주가 펼쳐져 있다.

입자 물리학자에게 새로운 입자의 발견은 곧 새로운 현상에 대한 이해가 이제 막 시작되었다는 뜻이다. 새로운 자연 현상 탐구는 힉스 입자의 발견과 함께 이제 막 시작되었다.

당연히 CERN의 LHC도 힉스 입자 발견과 함께 그 임무를 마친 게 아니다. 막대한 비용을 들여 LHC를 건설한 CERN 입장에서야 대중을 설득하고 자신들의 활동을 홍보하기 위해 힉스 입자 발견의 중요성에 초점을 맞춰 대대적으로 선전하고 홍보해 온 게 사실이지만 LHC는 힉스 입자만을 발견하기 위해 설계되고 건설된 기계가 아니다. 우리의 발견을 기다리며 힉스 입자 뒤에 줄지어 서 있는 수많은 입자들과 자연 현상들을 발견하기 위한 장치이다.

물리학의 역사는 입자 검출 장치를 통해 발견된 입자를 이론적으로 해석하거나 이론적으로 예측된 현상을 장치를 통해 발견하거나 하는 식으로 이론과 실험이 엎치락뒤치락 얽히고설키며 배턴을 주고받는 릴레이 경주 같은 것이다. 자, 이제 이 경주를 따라가 보자.

1장
표준 모형과 힉스 입자

앞쪽 그림 설명: 저글링을 하고 있는 리처드 파인만. 그가 개발한 파인만 도식은 입자 물리학자들의 중요한 연구 도구이기도 하다.

힘과 입자의 쌍쌍 파티

오늘날 물리학자들은 우주에 존재하는 힘이 모두 네 종류가 있다는 것을 알고 있다. 강력, 약력, 전자기력, 중력이 그것이다. 이 가운데 원자 이하의 세계와 관련이 깊은 힘들은 중력을 제외한 나머지 세 가지 힘이다. 우리가 일상 생활에서 쉽게 만날 수 있는 전기력과 자기력(둘을 합쳐 전자기력이라고 한다.)과 우주에서 가장 강한 힘인 강력과 원자 내에서 가장 약한 힘인 약력이 바로 그것이다. 물론 중력은 절대적인 세기가 다른 세 힘과 비교해 터무니없이 약해 원자 내의 세계를 설명할 때에는 완전히 무시될 수가 있다.

이 힘들과 입자들의 세계를 설명하는 것이 바로 표준 모형이다. 표준 모형은 현대 입자 물리학의 세계에서 우리 우주 속에 어떤 기본 입자들이 존재하는지 잘 제시해 주고 있으며, 그 입자들이 우주에 존재하는 힘에 따라 어떤 상호 작용을 하는지 매우 잘 묘사하고 있다.

표준 모형은 두말할 것도 없이 20세기 초에 태동한 양자 역학과 상대성 이론을 기반으로 하고 있다. 이 두 축은 기존의 고전 역학을 뒤엎는 새로운 패러다임의 물리학을 제시하며 원자 이하의 세계를 정확히 이해할 수 있는 틀이 되었다. 물리학자들은 이 양자 역학과 상대성 이론을 합쳐 상대론적 양자론으로 발전시켰고, 이것을 바탕으로 물리 법칙에 근거한 수학적 체계인 양자장론(quantum field theory)을 개발했다. 그리고 이 양자장론은 중력을 제외한 세 가지 힘과 기본 입자의 상호 작용을 묘사하는 표준 모형으로 발전했다.

표준 모형은 이 모형이 개발되기 이전까지 발견되었던 수많은 입자들과 그 입자들의 상호 작용을 정확하게 묘사했으며, 더 나아가 그때까지 발견되지 않았던 입자들도 예측하고, 그 입자들이 어떤 상호 작용을 보일지 기술했다. 물리학자들은 표준 모형이 등장한 1960년대 말 이후 수많은 실험과 연구를 통해 표준 모형이 예측한 입자들과 상호 작용들, 그리고 새로운 현상들을 차례차례 발견해 냈고, 표준 모형이 올바른 모형임을 확증해 나갔다.

그리고 표준 모형의 연구자들은 기본 입자들이 질량을 어떻게 가지게 되는지도 설명하는 힉스 메커니즘도 개발해 냈다. 그리고 메커니즘이 질량 문제를 해결하는 올바른 방법이라면 우주에 힉스 입자가 필연적으로 존재해야 한다는 결론에 도달했다.

그럼 물리학자들이 기본 입자와 힘에서 출발해 표준 모형을 거쳐 힉스 입자에 도달한 과정을 함께 따라가 보자.

입자 사냥꾼의 출발점: 전자기력과 광자

19세기 중엽에 그간에 발견된 60여 종의 원소를 바탕으로 드미트리 이바노비치 멘델레예프(Dmitri Ivanovich Mendeleev, 1834~1907년)가 주기율표를 만들어 냈다. 원소들이 정확한 규칙성을 갖고 족(family)을 이룬다는 것이 밝혀진 것이다. 주기율표를 앞에 둔 과학자들은 19세기와 20세기의 전환기에 연구를 통해 이 주기율표의 규칙성이 원자의 구조에서 기인했음을 알아내기에 이른다.

화학 원소는 같은 원자로 이루어진 무리였고, 물질의 기본 단위라 할 원자는 중앙에 있는 원자핵과 그 주위를 도는 전자들로 구성되어 있음이 차례차례 밝혀졌다. 물리학자들은 성큼성큼 원자 세계 속으로 들어갔다. 1935년 제임스 채드윅(James Chadwick, 1891~1974년)이 중성자를 발견했고, 원자핵이 양성자뿐만이 아니라 전기적으로 중성인 중성자로 이루어졌음이 알려졌다. 원자는 전기적으로 양(+)인 양성자와 전기적으로 중성(0)인 중성자, 그리고 전기적으로 음(-)인 전자로 이루어져 있음을 알게 된 것이다.

원자를 유지하는 힘은 바로 이 양성자 때문에 양전하를 띠는 원자핵과 음전하를 띠는 전자 사이의 전기적 인력이다. 이것이 바로 원자, 더 나아가 우리가 보는 물질들을 이루는 근본적인 힘이다. 멘델레예프를 비롯한 화학자들이 발견하고 기록한 원소들의 수많은 성질들과 그 규칙성의 비밀이 이 원자핵과 전자 사이에 작용하는 전자기력에서 기인한다고 해도 과언이 아닐 것이다.

원래 전자기력을 잘 설명하는 이론은 원자가 발견되기도 전에 완성되어 있었다. 그러나 19세기의 전자기 이론은 고전적인 이론이라 그 자체로만은 원자와 같은 작은 세계에서 일어나는 일을 설명하지 못했다. 고전적 이론에 따르면 원자핵과 전자는 서로 끌어당기므로 순식간에 달라붙게 되고, 원자는 그 형태나 크기를 유지하지 못한다. 그러나 현실 세계에서는 그런 일은 일어나지 않는다. 그런 일이 일어나지 않으니까 우리가 육체를 가지고 살아갈 수 있는 것이다. 우리 몸을 이루는 수소, 탄소의 원자들은 전자기력으로 유지되지만 안정된 형태와 크기 역시 유지하고 있으며 서로 결합해 유전자와 세포를 이루고 장기와 뼈대를 이뤄 우리 몸을 만들고 있다.

양자론은 이것을 설명하기 위해 원자 내 전자가 특정 궤도에만 존재할 수 있어 원자핵과 전자가 찰싹 달라붙는 일 따위는 절대로 일어나지 않는다는 이론을 내놓는다. 특정한 조건에서만 전자가 궤도를 이동한다는 것이다. 자연은 연속적이지 않고 불연속적이라는 것이다. 이것을 양자화라고 한다. 특정 궤도에 있는 전자는 광자를 흡수하면 에너지 준위가 더 높은 궤도로 올라서며 에너지 준위가 낮은 궤도로 내려올 때에는 광자를 방출한다.

자연의 불연속성을 받아들인 양자론은 원자 내에서 일어나는 일을 설명하는 데 대단히 큰 성공을 거두었다. 그러나 전자 같은 입자들은 빛만큼은 아니지만 엄청나게 빨리 움직일 수도 있다. 양자론은 처음에는 입자들이 아주 빠르게 움직이는 세계를 제대로 설명하지 못했다. 무용지물이었다. 유명한 슈뢰딩거 방정식도 한계에 봉착했다. 양자론이 한참 대두되던 시기에 광속에 가깝게 달리는 물체들을 설명해 큰 성공을 거둔 알베르트 아인슈타인(Albert Einstein)의 상대성 이론을 양자론에 결합할 필요가 생긴 것이다.

이 문제를 해결하기 위해 양자론에 특수 상대성 이론을 결합해 만들어진 상대론적 양자 방정식이 디랙 방정식이다. 영국의 이론 물리학자 폴 디랙(Paul A. M. Dirac, 1902~1984년)이 만든 방정식이다.

오늘날 원자 이하의 세계를 탐구하는 모든 실험은 빛의 속도에 가깝게 가속된 입자들을 가지고 이루어진다. (예를 들어 1기가전자볼트(GeV) 정도의 에너지를 가진 입자의 경우 이미 그 속력은 빛의 속도의 98퍼센트에 달한다. 그리고 LHC는 1,000배 높은 에너지인 테라전자볼트(TeV)의 세계에서 실험을 수행하고 있다.) 따라서 이 입자들의 성질을 기술하기 위해서는 디랙 방정식을 이용해야 한다. 지금도 가속기로 실험하는 물리학자들은 빛의 속도에 버금가는 속도로 움직이는 입자들의 전자기적 상호 작용을 추적할 때 디랙 방정식을 사용한다.

디랙 방정식을 근간으로 1940년대에 이르러 아원자 세계에서 입자들 사이에 일어나는 전자기력에 의한 상호 작용을 설명하는 이론이 완성되었는데, 이것을 양자 전기 역학(Quantum Electro Dynamics, QED)이라고 한다. 더 이상 쪼갤 수 없는 물질의 기본 단위에 대한 이해가 본격적으로 시작된 것이다.

앞서 이야기한 것처럼 원자 내에서 일어나는 일들의 근원에는 전자기력이 있다. 이 전자기력에 따라 전자가 궤도를 바꾸면 원자가 광자를 방출하거나 흡수한다. 즉 전자기력이 작용할 때면 언제나 광자가 꼭 끼어들어 어떤 역할을 함을 알 수가 있다. 원자 내에서 광자를 방출하고 흡수하는 현상은 원자에서 방출된 선스펙트럼을 관측하면 정확히 설명할 수 있다.

그런데 원자 내 전자가 궤도를 바꿀 때에만 광자가 어떤 역할을 하는 것이 아니다. 입자 가속기로 인위적으로 생성한 양성자나 전자 등이 다른 물질(또는 다른 기본 입자)과 상호 작용할 때에도 그 상호 작용이 전자기적인 것이면 반드시 광자가 관여한다. 예를 들어 전자와 그 반물질인 양전자[3]를 가속기를 통해 생성한 다음, 전자와 양전자를 충돌시켰을 때 생성되는 입자들의 비율을 실험적으로 측정한다고 해 보자. 그 측정 결과는 양자 전기 역학적 계산 결과하고만 일치한다. 그런데 양자 전기 역학은 전자기력에 의한 상호 작용이 '광자'를 매개로 해서 일어난다고 가정하고 계산하는 이론이다. 다시 말해 모든 전자기적 상호 작용에서는 광자가 전자기력을 전달하는 매개 역할을 한다는 것이다.

양자 전기 역학의 확립에 결정적인 공헌을 한 물리학자가 유쾌한 일화들로 유명한 미국 물리학자 리처드 파인만(Richard P. Feynman, 1918~1988년)이다. 이론적 업적과 함께 그가 만들어 낸 '파인만 도식(Feynman diagram)'은 입자의 반응이 어떻게 일어나는지를 간결하게 설명해 준다.

그림 1.1은 전자와 양전자가 반응해 광자가 생겼다가 다시 사라지며

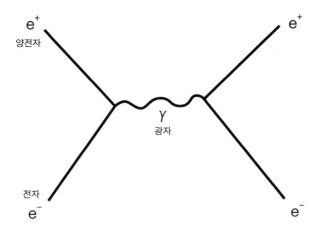

그림 1.1   파인만 도식. 파인만 다이어그램이라고도 한다. 위 그림은 전자(e⁻)와 양전자(e⁺)가 반응하여 광자(γ)가 생겼다가 다시 전자와 양전자가 생성되는 반응을 표현한 것이다.

전자와 양전자가 생성되어 관측되는 현상을 보여 준다. 그림 가운데 물결선으로 표현된 광자는 이 반응이 일어나도록 매개하는 역할을 하고 있다고 해석할 수 있다.

이것은 매우 중요하다. 왜냐하면 양전자와 전자 사이든, 원자핵과 전자 사이든 입자들 사이에서 일어나는 전자기적 상호 작용을 모두 파인만 도식으로 나타낼 수 있는데, 항상 그 도식에는 물결선으로 표시되는 광자가 나오기 때문이다. 다시 말해 원자 안 원자핵과 전자 사이에 일어나는 모든 현상과 전자와 양전자가 서로 충돌하여 쌍소멸했다 쌍생성되는 등의 모든 반응을 광자가 매개하고 있다.

실제로 전자기력을 전달하는 입자는 광자이다. 전자기력에 의해 일어나는 모든 상호 작용에는 광자가 끼어든다. 그러나 상호 작용과 상호 작용 사이에 끼어드는 광자를 관측할 수는 없다. 하지만 전자기적 상호 작용에 광자가 개입하지 않는다고 하면 이론적으로 올바른 계산을 할 수 없고, 실험값과 일치하는 결과를 얻을 수가 없다. 우리는 관측할 수는 없으나 양자 전기 역학적으로 그 존재가 확실한 이 광자를 가상 광자(virtual photon)라고 한다.

가상 광자의 존재를 가능하게 해 주는 것이 유명한 하이젠베르크의 불확정성 원리이다. 불확정성 원리는 아주 짧은 시간 동안에 에너지가 보존되지 않는 것을 허용한다. 따라서 가상 광자는 우리의 측정 한계를 넘어서는 매우 짧은 시간 동안 출현했다 사라지고, 그 찰나의 순간 동안 전자기적 상호 작용이 일어나도록 도와준다. 입자 물리학자들은 이 유령 같은 가상 광자의 존재를 한 치의 의심도 없이 받아들인다.

아이들 낙서 같은 파인만 도식과 유령 같은 가상 광자로 무장한 양자 전기 역학은 기본 입자들 사이에서 일어나는 전자기적 상호 작용, 그리고 그 기본 입자들의 물리량을 매우 잘 설명한다. 양자 전기 역학으로부터 계산된 모든 물리량은 실험적으로 측정된 값과 정확히 일치한다. 정확하게 자연을 설명한다는 이야기가 된다. 유명한 예로서, 전자의 자기 모멘트와 관련되는 g라는 양이 있다.

모멘트(moment)는 회전하는 물체가 가지고 있는 양으로서 회전 운동을 정의해 준다. 거시 세계에서 회전 운동하는 물체가 모멘트를 가지는 것처럼 원자의 세계에서 어쨌거나 빙빙 도는 전자 또한 모멘트를 가진다고 볼 수 있다. 이것을 전자의 자기 모멘트라고 한다.

전자의 자기 모멘트 값은 물론이고 그것과 관련된 g 값은 실험적으로 매우 정밀하게 측정된 값이다. 그것은 $g/2 = 1.001159652180$으로서 소수점 아래 열두 번째 자리까지 정확하게 측정되어 있다. 양자 전기 역학을 이용해 계산한 이론적 예측값도 이것과 정확히 같다. 소수점 아래 열두 번째 자리까지 완전히 같다!

사실 물리량이라는 것은 원주율처럼 정해져 있는 것이 아니다. 실험 장치와 측정 방법이 개선되면 개설될수록 점점 더 정밀한 값으로 바뀌게 된다. 뉴턴의 중력 상수나 지구의 중력 가속도 같은 값도 끊임없이 새롭게 측정되며 보다 더 정밀한 값으로 바뀌고 있다. 자기 모멘트 역시 21세기 들어 더욱 정확히 측정하려는 시도가 이루어지고 있다. '뮤온 g-2(Muon g-2 experiment)'라는 실험이 바로 그것이다.

전자와 같은 종류의 경입자이지만 질량이 전자보다 207배 정도 무거운 뮤온이라는 입자의 자기 모멘트를 아주 정밀하게 측정하자는 것이다. 현재 페르미 연구소에서 진행 중이다. 뮤온의 g 값을 기존의 값보다 3배 더 정확히 측정함으로써 양자 전기 역학의 정확성을 아주 정밀하게 검증하는 것이다. 아무튼 이 실험들은 전자기적 상호 작용을 광자의 매개로 설명하는 양자 전기 역학이 매우 정확한 이론임을 보여주는 대표적인 사례일 것이다.

양자 전기 역학의 성공은 입자 물리학의 역사에서 아주 중요한 의미를 가지고 있다. 기본 입자 중 하나인 광자가 자연의 기본 힘 중 하나인 전자기력을 매개한다는 것이 밝혀졌기 때문이다. 이 발견은 우주에 존재하는 다른 힘들에게도 광자처럼 매개 역할을 가진 입자들이 있을 수 있다는 깨달음으로 이어졌다.

입자 사냥꾼들의 두 번째 사냥감: 강력과 글루온

주기율표의 원소 중에 가장 간단한 수소 원자의 경우 양성자 1개와 그 주위를 도는 전자 1개로 구성되어 있고, 다음으로 가벼운 헬륨은 양성자와 중성자가 각각 2개씩 들어 있는 원자핵과 전자 2개로 이루어져 있다. 원소가 무거워질수록 원자핵 안의 양성자 수가 차례로 증가하며 중성자의 수도 같이 늘어난다. 그러나 원소가 매우 무거워지면 원자핵 안 양성자와 중성자 수의 균형이 깨져 중성자의 수가 훨씬 더 많아지게 된다.

예를 들어 원자력 발전의 연료로 쓰이는 플루토늄(Pu)을 보자. 플루토늄은 원자량이 239이고 원자 번호가 94인 원자이다. 원자핵 내 핵자(nucleon, 양성자와 중성자를 통틀어 일컫는 용어이다.)의 수가 239개이고 그중 양성자가 94개라는 뜻이다. 그렇다면 자동적으로 중성자의 수는 145개가 된다. 수소 원자핵이 1개의 양성자로 이루어져 있다고 치면 플루토늄 원자핵은 무려 239개의 핵자로 이루어져 있는 것이다. 직관적으로 플루토늄 원자핵의 크기가 수소 원자핵의 239배라고 생각할 것이다. 그러나 실제로는 그렇지가 않다.

실험적으로 밝혀진 바에 따르면 어떤 원자의 원자핵 크기(원자핵의 반지름)는 원자량(수소 원자의 원자량이 1이다.)의 1/3제곱에 비례한다고 한다. 즉 수소에 비하자면 매우 무거운 플루토늄이라고 해도 원자핵의 반지름은 수소 원자핵에 비해 고작 7배 정도 클 뿐이다. 어떠한 원소라고 해도 그 크기의 차이는 10배를 넘지 않는다. 그리고 원자의 크기는 수소든 플루토늄이든 원자핵 크기의 10만 배 정도라고 한다. 다시 말해 가벼운 원자나 매우 무거운 원자나 원자핵과 전자 사이의 공간 대부분은 텅 비어 있는 것이다.

여기서 뭔가 이상한 점을 느낀 독자가 있을지도 모르겠다. 원자를 구성하는 힘은 전자와 원자핵 내 양성자 사이의 전자기력이다. 그런데 서로 똑같이 양전하를 띤 양성자들이(중성자는 전기적으로 중성이므로 무시하자.) 어떻게 서로에 대한 전기적 반발력을 무시하고 한데 모여 있는 것일까? 심지어 원자량의 3분의 1의 제곱에 비례해 크기가 커지는 걸로 봐서 서로 전기적으로 밀어내는 양성자가 더 많이 모이면 모일수록 더 가깝게 똘똘 뭉치는 것 같지 않은가?

가깝게 뭉치면 뭉칠수록 반발력이 더 세져서 더 세게 밀어낼 것도 같은데 그러한 일은 일어나지 않는다. 원자핵 내의 핵자들이 뭉쳐 있을 수 있는 방법은 단 한 가지뿐이다. 양성자 및 중성자 같은 핵자들 사이에 전자기력보다 더 강한 인력이 작용해 이 입자들을 단단히 뭉쳐 놓고 있다고 볼 수밖에 없다.

이것은 양성자가 양의 전하(electric charge)를, 전자가 음의 전하를 갖고 있는 것처럼 원자핵 내의 양성자와 중성자가 서로를 끌어당기는 또 다른 종류의 전기적이지 않은 전하를 갖고 있는 것으로 해석하면 된다. 이 전하를 색깔 전하(color charge)라고 한다. 색깔 전하는 빨강, 파랑, 초록, 세 종류[4]가 있으며, 이 3개의 서로 다른 색깔 전하가 합쳐지거나 각 색깔과 반색깔(anti-color)이 합쳐져 핵자 간 인력이 생기게 된다. 이 인력이 우주에서 가장 강한 힘인 강력(strong force)이다.

처음에는 이 강력을 기술할 방법을 찾지 못했다. 그러나 입자 사냥꾼이라고 할 입자 물리학자들은 자신들에게 입자들의 상호 작용을 설명하는 강력한 무기가 있음을 깨달았다. 게다가 놀라운 성공을 거둔 바 있기도 했다. 전자기력을 통해 일어나는 입자들의 상호 작용을 광자라는 매개 입자를 통해 설명한 파인만 도식 같은 양자 전기 역학의 기법 말이다.

물리학자들은 힘을 전달하는 유령 같은 가상 입자와 낙서 같은 파인만 도식을 가져와 강력을 설명하기 시작했다. 유령 같은 입자와 낙서 같은 도식이라고 무시하지 마라. 이 기법은 물리학적으로나 수학적으로 굳건한 기초를 가지고 있다. 물리학자들은 강력을 매개하는 입자에 글루온(gluon, 파인만 도식에서는 대개 g라고 표시한다.)이라는 이름을 붙였고, 이 글루온과 앞에 이야기한 색깔 전하로 강력에 의한 입자의 상호 작용을 설명하는 이론을 만들어 양자 색소 역학(Quantum Chromo Dynamics, QCD)이라고 일렀다. 양자 전기 역학의 QED와 이름부터 어울린다.

원자핵 내의 양성자나 중성자는 색깔 전하를 가지고 있고 전자는 이러한 전하를 갖지 않는다. 그런데 양성자와 중성자 같은 핵자들은 쿼크로 이루어져 있다. 글루온과 색깔 전하가 어울리는 상호 작용은 실제로는 핵자를 구성하는 이 쿼크들 사이에서 일어난다. 그리고 쿼크들 사이의 상호 작용은 강력에 의해 일어난다.

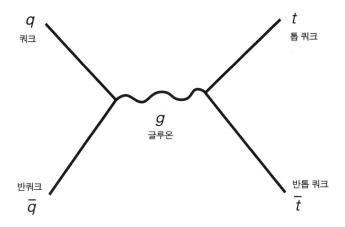

그림 1.2 쿼크(*q*)와 반쿼크($\bar{q}$)가 반응하여 톱 쿼크(*t*)와 반톱 쿼크($\bar{t}$)의 쌍이 생성되는 강력 상호 작용을 나타낸 파인만 도식. 이 경우 글루온(*g*)이 매개 입자이다.

파인만 도식으로 이 상호 작용을 묘사할 수 있다. 그림 1.2를 살펴보자. 양성자와 중성자를 이루고 있는 쿼크와 반쿼크가 반응해서 톱 쿼크의 쌍이 생성되는 반응인데, 이것은 전형적으로 강력에 의해 일어나는 반응이다. 이 반응이 일어나기 위해서는 그림 가운데에 스프링 같은 선으로 그려진 글루온이라는 매개 입자가 필요하다.

이렇게 우리는 중력과 전자기력 말고도 원자 세계 속에 강력이라는 또 다른 기본 힘이 있다는 사실을 발견했다. 이것만으로도 충분히 놀랍고 흥미로운 발견이다. 하지만 물리학자로서는 이것보다도 전자기력과 강력이라는 전혀 다른 힘을 똑같은 파인만 도식으로 묘사할 수 있다는 이 '규칙성'이 더 놀랍고 흥미롭다. 파인만도 과학의 출발이 우주 속에 숨어 있는 '패턴'을 발견하는 것이라고 하지 않았는가?

힘과 입자 들의 상호 작용이 이렇게 철저한 규칙성을 가지고 이뤄지고 있다면 물리학자들은 당연히 이 규칙성이 또 다른 사례, 또 다른 힘, 또 다른 입자 들에 적용되고 있지 않은지 확인하고 싶어서 안달하게 된다. 자연 현상의 베일들을 하나하나 벗겨 가면서 자신들이 발견한 패턴이 어디까지 이어지는지 확인하고 싶은 것이다. 그런데 실제로 물리학자들은 자신들이 발견한 규칙성이 적용되는 또 다른 힘과 입자를 찾는 데 성공한다. 그것이 바로 약력(weak force)이다.

입자 물리학의 영토 확장: 약력과 W, Z 보손

방사성 원소는 원소 자체가 불안정하다. 이것이 안정 상태로 변하는 과정에서 방사선을 방출한다. 사실 이 방사선들은 원자 안에서 일어나는 붕괴 현상의 결과물이다. 이 사실을 알게 된 후 물리학자들은 이 붕괴 현상들을 나오는 방사선 종류에 따라 알파, 베타, 감마 붕괴 세 가지 형태로 구분하게 되었다.

알파 붕괴는 양성자와 중성자를 2개씩 갖고 있는 헬륨 원자핵이 방출되는 현상이고, 베타 붕괴는 전자(또는 양전자)가 방출되는 현상, 그리고 감마 붕괴는 감마선(빛의 일종이다.)이 방출되는 현상이다. 일반적으로 감마 붕괴에서 나오는 감마선이 세서 위험한 반면, 베타 붕괴에서 방출되는 전자는 종이 한 장 뚫지 못할 정도로 상대적으로 약하다. 예를 들어 원전 사고 등에서 유출되는 방사성 세슘에서 이 감마선이 방출된다. 워낙 강력한 방사선이라 생명체의 유전자 구조를 파괴할 수 있기 때문에 사람을 포함 생명체에 유해한 영향을 미친다. 그런데 이 세 가지 붕괴 중에 전자를 방출하는 베타 붕괴 현상에서 새로운 힘이 발견되었다.

베타 붕괴는 원자핵 안의 중성자가 양성자로 바뀌면서 전자와 중성미자(neutrino)라는 질량이 거의 없는 입자를 원자 밖으로 방출하는 현상이다. 또는 양성자가 중성자로 바뀌면서 양전자와 중성미자를 방출하는 현상도 베타 붕괴이다.

베타 붕괴가 처음 관찰되었을 때 베타 붕괴에서 방출되는 입자 중 검출되는 것은 전자뿐이었다. 그러나 베타 붕괴 전후의 에너지 분포 변화나 방출되는 전자를 운동학적으로 정밀하게 조사해 본 물리학자들은 베타 붕괴에서 나오는 입자가 전자뿐이라는 실험 결과에 의심을 가지게 되었다.

방사성 붕괴가 일어나는 경우, 전자만 밖으로 나오는 경우와 전자와 또 다른 입자가 같이 방출되는 경우는 운동학적으로 근본적으로 다르다. 즉 실제로 전자만 나오는 반응은 방출될 때의 에너지를 전자가 모두 갖게 되지만 만약에 또 다른 입자와 함께 방출된다면 이 두 입자가 에너지를 서로 나눠 가지게 되므로 방출되는 입자의 에너지 분포가 전자 하나만 방출되는 경우와는 달라진다.

베타 붕괴로부터 방출되는 입자의 에너지의 분포를 측정해 본 물리학자들은 그 에너지 분포가 아무래도 전자 외에 측정되지 않은 또 다른 1개의 입자가 더 방출되는 경우와 같다고 생각하기 시작했다. 분명히 전자 외에 다른 1개의 입자가 더 방출되는데 검출되지 않는 것이다.

존재하나 관측되거나 검출되지 않는 입자가 있는 것이다. 왜 관측되거나 검출되지 않을까? 이러한 입자는 검출기를 이루고 있는 물질들과의 상호 작용이 매우 작기 때문에 검출되지 않는다고 해석하는 게 가장 타당하다. 다시 말해 매우 약한 힘과만 연계되어 있다고 해석하는 것이다.

우리가 어떤 입자를 관측하고 검출하며 그 물리적 특성을 알기 위해서는 검출기라는 기계를 이루는 물질과 그 입자가 반응해야만 한다. 그러나 만약 어떠한 입자가 다른 물질과 상호 작용을 거의 하지 않는다면 검출기는 그 입자의 흔적을 잡아낼 수가 없다. 이 새로운 형태의 반응 양상은 전자기력보다 훨씬 작은 힘이 아니고서야 설명할 길이 없다.

물리학자들은 베타 붕괴로부터 방출되는 이 새로운 입자를 중성미자라고 부르게 되었다. 전기적으로 중성이고 검출하기 어려운 미미한 존재라는 뜻이다. 역사적으로 중성미자의 존재를 처음으로 예측하고 제안한 사람은 오스트리아의 물리학자로 1945년에 노벨상을 받은 볼프강 파울리(Wolfgang Pauli, 1900~1958년)이다.

이 중성미자의 존재가 알려짐으로써 자연에 또 다른 힘이 존재한다는 것이 밝혀졌다. 이것을 약력 또는 약한 상호 작용이라 한다. 중성미자가 포함되는 반응은 모두 약력에 의한 것이다. 약력의 이론적 발전에는 이탈리아의 물리학자 엔리코 페르미(Enrico Fermi, 1901~1954년. 1938년에 노벨상을 받았다.)의 공헌이 절대적이었다.

약력이 작용하는 상호 작용의 예로는 베타 붕괴 외에도 다른 여러 반응이 있다. 그중에 태양이나 다른 별들이 에너지를 방출하는 반응이 약력을 통해 설명된다. 지구 생명이 태양에서 나오는 에너지가 없으면 존재할 수 없다는 것을 고려한다면 전자기력에 비해 어마어마하게 약한 약력이 커다란 역할을 한다는 것을 알 수 있다.

전자기력과 강력에 각각 광자와 글루온이라는 매개 입자가 있는 것처럼 약력에도 그 힘을 전달하는 매개 입자가 있다고 추론할 수 있다. 그렇다면 약력에 관련되어 매개 역할을 하는 입자는 무엇일까?

약력의 세기는 전자기력에 비해 수천에서 수만 배 약하다. 전자기력은 그 힘이 미치는 범위가 무한대인 반면에 약력이 미치는 범위는 10^{-19}센티미터 정도로 매우 짧다. 약력이 미치는 범위가 매우 짧기 때문에 약력 고유의 힘은 그 세기가 원래는 전자기력과 같을지라도 실제 세기는 전자기력보다 아주 약하다. 약력에 따라 이뤄지는 상호 작용의 이러한 특징을 설명하려면 약력 매개 입자의 질량이 광자처럼 0이 아니고 매우 커야 한다.

약력의 매개 입자를 이해하기 위해서 베타 붕괴를 쿼크의 관점에서 살펴보자. 여기서도 파인만 도식이 활약한다. 그림 1.3을 보자. 양성자는 p로, 중성자는 n으로 표시되어 있다. 도식에서 보는 바와 같이 중성자는 u로 표시된 업 쿼크 1개와 d로 표시된 다운 쿼크 2개로 이루어져 있고(udd로 표시되어 있다.), 양성자는 업 쿼크 2개와 다운 쿼크 1개로 이루어져 있다(udu로 표시되어 있다.).

중성자가 양성자로 변하기 위해서는 2개의 다운 쿼크 중 하나가 업 쿼크로 변해야만 한다. 다운 쿼크와 업 쿼크의 전하는 각각 -1/3e,

2/3e이므로 이 반응이 일어나기 전과 후의 쿼크의 전하량은 +1e만큼 변한 셈이다. 양성자가 중성자로 변하는 또 다른 베타 붕괴는 양성자 내 업 쿼크 하나가 다운 쿼크로 변해야 하므로 반응 전과 후의 쿼크의 전하량 차이는 −1e이다.

그러나 이것은 반응 전과 후의 전하량이 보존되어야 한다는 전하량 보존 법칙에 부합하지 않는다. 그렇다면 약력을 매개하는 무거운 입자는 전하를 띤 입자여야 한다. 그림 1.3에서 보는 것처럼 중성자가 양성자로 변하는 반응에서는 음전하를 띤 약력 매개 입자(W⁻)가 상호 작용을 매개한다. 반대로 양성자가 중성자로 변하는 반응에서는 양전하를 띤 약력 매개 입자가 상호 작용을 매개한다. 전하량의 부호가 다른

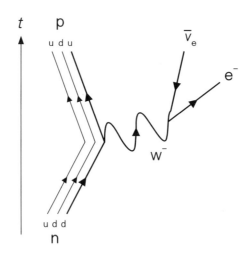

그림 1.3 베타 붕괴의 파인만 도식. 원자핵 내의 중성자(n)가 양성자(p)로 변하면서 전자(e)와 중성미자(v)를 방출하는 베타 붕괴를 그린 것이다. 이 반응에서는 W⁻ 입자가 매개 입자로 작용한다. 세로축은 시간의 흐름을 나타낸다.

이 두 약력 매개 입자의 전하량은 1로서 같다. 그러므로 베타 붕괴가 일어나도록 매개하는 역할을 하는 입자는 2개이며 그 전하는 서로 반대일 것이라는 추측이 가능하다. 이 입자를 W 보손(W boson)이라고 한다. 음전하를 가진 W 보손은 W^-라고 표기하고 양전하를 가진 W 보손은 W^+라고 표기한다. 두 보손의 질량은 같으나 전하는 반대이다. 그리고 두 입자를 통틀어 일컬을 때에는 $W^\pm$라고 표기한다.

표준 모형에 따르면 2개의 하전된 보손 외에 1개의 중성 보손이 있어야 약력에 의한 물리 반응을 모두 설명할 수 있다. 역사적으로 약력 연구 초기에 관찰되고 발견된 약력 관련 물리 반응은 모두 다 전하를 띤 보손($W^\pm$)이 매개하는 반응이었다. 그러나 입자 사냥꾼들은 포기하지 않고 전기적으로 중성인 보손을 찾기 시작했다. 전기적으로 중성인 보손이 작용하는 현상을 관측하려는 시도는 1950년대부터 시작되어 20년간 진행되었다. 결국 1970년대 초에 중성 보손의 존재가 간접적으로 알려지게 된다. 중성 보손이 매개하는 것이 아니고서는 설명할 길이 없는 반응이 발견되었기 때문이다. 이것을 Z 보손(Z boson)이라고 한다. 전기적으로 중성인 Z 보손이 매개하는 반응을 처음 확인한 것은 1973년 CERN의 가가멜(Gargamel) 실험이었다. 그러나 Z 보손을 직접 관측한 것은 아니었다. 그렇다면 어떻게 해야 상호 작용이 작디작은 이 약력 매개 입자들을 발견할 수 있을까?

약력 매개 입자들은 질량이 매우 크므로 이 입자들을 생성하기 위해서는 최소한 이 입자의 질량만큼의 에너지를 가진 다른 입자들을 충돌시켜야 한다. 1970년대까지만 해도 이것은 불가능했으나 1980년

자연에 존재하는 힘	절대적 크기	매개 입자	비고
중력	10^{-38}	중력자(확인되지 않음)	별들의 운동 등 거시 세계의 모든 운동 현상
전자기력	10^{-2}	광자(빛)	전기와 자기 현상, 원자의 구성
강력	1	g(글루온)	원자 내의 원자핵의 구성
약력	$10^{-7} \sim 10^{-5}$	$W^{\pm}$, Z^0	원자핵의 안정화

표 1.1 우주에 존재하는 네 가지 힘과 그 매개 입자들. 중력을 제외한 다른 세 가지 힘은 원자 내에서 일어나는 모든 현상의 근원이다. 중력은 상대적으로 너무 약해 원자 내에서 일어나는 현상을 다룰 때 무시할 수 있다.

대 들어 가속기 기술이 발달하면서 더욱더 높은 에너지의 입자를 생성할 수 있게 되자 약력 매개 입자의 발견 가능성이 더 높아졌다. 결국 1983년에 CERN에서 이 입자들이 발견되었다.[5] 입자의 질량은 기존의 여러 실험 결과들을 바탕으로 예측해 낸 이론적 계산값과 오차 범위 안에서 일치했다.

발견 이후 최근까지 30년 가까이 실험 물리학자들은 이 약력 매개 입자들의 질량을 계속 측정해 왔다. 시간의 흐름에 따라 정밀도가 높아진 이 보손들의 질량은 표준 모형에서 예측하는 값과 일치하고 있다. W 보손의 질량은 약 80기가전자볼트, Z 보손의 질량은 약 91기가전자볼트이다. 이 값들은 오차가 1퍼센트 이하인 정밀도로 측정한 것이다.

전자기력과 광자에서 출발한 입자 사냥꾼들의 사냥, 다시 말해 입자 물리학의 진화 과정은 약력과 그 매개 입자 발견에 이르러 일단 한 고비를 넘게 되었다. 우주에 존재하는 네 가지 힘 중 세 가지에 대해 어떻게든 설명할 수 있게 된 것이다. (표 1.1 참조) 물리학자들은 이제까지의 성과를 정리해 표준 모형이라고 이름 붙이고 미래의 탐구를 위한 디딤돌이자 이정표로 삼았다. 이제 표준 모형에 대한 이야기를 해 보자.

사실 가장 먼저 나왔고, 가장 간단했던 모형

일반적으로 이론이든 실험이든 무엇인가를 새로이 탐구할 때에는 우선 가장 간단한 틀을 가지고 여러 변수를 최소화시킨 상태에서 출발하게 된다. 오늘날 표준 모형이라고 불리는 물리학 모형은 사실 기본 입자와 그 상호 작용을 설명하고자 제시된 수많은 모형 가운데 가장 일찍 구축된 것이다. 그래서 수학적인 측면에서도 가장 단순하다. 표준 모형 구축 이후 수학적으로 더 복잡한 모형들이 수없이 제시되었지만 실험 결과와 맞지 않아 대부분 소멸했다. 하지만 표준 모형만은 살아남아 오늘날에 이르렀다.

그런데 어떠한 모형이라도 그 골격을 형성하는 가장 기본이 되는 법칙이 있다. 표준 모형도 예외가 아니다. 그것은 양자 전기 역학이 만들어질 때부터 기본 법칙으로 활용된 '게이지(gauge) 불변 법칙'이다. 물리학에서 불변이라 함은 어떤 현상에서 어떤 물리량이 변하지 않고 보존된다는 뜻이다. 그러므로 게이지 불변 법칙에 따르면 기본 입자가 어떤 힘에 따라 상호 작용할 때 반드시 게이지라는 물리량이 변하지 않고 보존되어야 한다. 이 게이지 불변 법칙은 입자 물리학 모형의 뼈대라고 할 수 있는 존재로, 기본 입자와 힘, 그리고 그 힘을 전달하는 매개 입자의 존재에 정당성을 부여한다.

게이지 불변의 법칙

18세기부터 발전하기 시작한 전기와 자기에 대한 연구는 19세기 중반에 들어 정점에 이르렀다. 마이클 패러데이(Michael Faraday, 1791~1867년)가 이룬 실험적 업적들과 제임스 클러크 맥스웰(James Clerk Maxwell, 1831~1879년)이 수행한 이론적 작업에 힘입어 드디어 전기와 자기 현상에 대한 이론이 하나로 통일되었다.

움직이는 전하가 만드는 전류는 자기장을 생성시키며, 시간에 따라 변하는 자기장은 전류를 만들어 내므로 전기와 자기는 서로 독립적인 것이 아니라 상호 보완적인 관계임을 밝혀낸 것이다. 모든 전기와 자기 현상은 맥스웰이 기초한 4개의 방정식으로 설명된다. (그림 1.4 참조) 전기와 자기 현상을 장(場)으로 설명하는 맥스웰 방정식은 전기장과 자기장이라는 서로 다른 장을 통일적으로 설명한다.

맥스웰은 그의 4개의 방정식을 즉각적으로 외부에서 힘이 가해지지 않는 가장 간단한 상태[6]에서 풀어 보았다. 답을 구하기도 전에 방정식을 적절하게 조합해 이끌어낸 미분 방정식이 당시에 너무나도 잘 알려진 파동 방정식과 똑같은 형태라는 것을 발견했다. 이로부터 맥스웰은 기가 막힌 사실을 알아차렸다. 그것은 바로 그가 유도한 방정식이 곧 빛에 대한 방정식이라는 것이었다. 이것은 전자기 현상에서 생성되는 파동이 빛이라는 뜻이었다. 빛이 전자기파(electromagnetic wave)요

$$\oint E \cdot dA = \frac{q_{enc}}{\varepsilon_0}$$

$$\oint B \cdot dA = 0$$

$$\oint E \cdot ds = -\frac{d\Phi_B}{dt}$$

$$\oint B \cdot ds = \mu_0 \varepsilon_0 \frac{d\Phi_E}{dt} + \mu_0 i_{enc}$$

그림 1.4 전자기학 성립의 공헌자, 패러데이와 맥스웰. 둘 다 비슷한 시기에 영국에서 태어났으나, 패러데이는 극빈 가정에서 태어나 초등 교육만 받았고, 맥스웰은 상류 집안에서 태어나 유복하게 자라며 고등 교육을 받았다. 대조되는 삶을 산 위대한 물리학자 짝의 대표적인 사례이다. 아래의 4개의 방정식은 맥스웰 방정식으로 전자기 현상은 이 4개의 식으로 모두 설명된다.

전자기파가 곧 빛이다. 그리고 맥스웰은 자신이 유도해 낸 방정식에서 어떤 상수들의 곱의 형태로 주어지는 값이 빛의 속도라는 사실을 발견했다.[7]

빛의 속도를 재려는 노력은 서구에서 중세 후반부터 이루어져 왔다. 그러나 1초에 지구를 7바퀴 반이나 도는 빛의 속도를 정확히 잴 수는 없었다. 하지만 맥스웰은 당시 이미 비교적 정확히 측정된 값이었던 전기장과 자기장의 유전율과 투자율 값으로 빛의 속도를 정확하게 계산해 냈다. 맥스웰은 자신이 만든 방정식에서 빛의 속도를 계산해 낼 수 있음을 알고 놀랐다.

맥스웰 방정식에서 전기장은 전하의 분포에 따라 결정되며 전기 포텐셜에서 쉽게 유도할 수 있다. 마찬가지로 자기장은 전하의 운동에서 생성되고 자기 포텐셜에서 쉽게 유도할 수 있다. 그런데 전기 및 자기 포텐셜을 다른 곳으로 전환을 해도 원래의 전기 및 자기장은 불변하게 된다. 이것을 통상 게이지 불변(gauge invariance)이라 일컬어 왔는데 20세기 초부터 이미 알려져 있는 것이었다. 그러나 당시 이러한 불변성은 수학적인 관계식일 뿐이었지 물리학적인 중요성은 전혀 인식되지 않고 있었다.

그 후 약 20~30년이 흐르고 나서야 이 게이지 불변이 물리학적으로 매우 중요한 것일지도 모른다는 생각이 퍼지기 시작했다. 맥스웰의 전자기 방정식에서는 수학적 의미만 가지고 있던 게이지 불변이, 전자기적 상호 작용을 빛, 즉 광자가 매개한다는 양자 전기 역학의 핵심 논리를 정당화하는 수학적 논거임이 밝혀졌기 때문이다.

양자 전기 역학의 수학적 논리에 따르면 입자들의 전자기적 상호 작용은 빛(광자)이 매개한다고 해야만 게이지 불변 법칙을 만족시킨다. 수학적으로는 빛을 기술하는 수학적 양이 들어가야만 불변이 된다는 뜻이다. 거꾸로 전자기적 상호 작용에 게이지 불변을 요구하면 자연스레 빛이 포함되어 전자기적 상호 작용은 빛을 통해 이뤄진다는 물리적인 해석을 가능하게 해 준다.

이러한 논리 체계는 비단 전자기력뿐만이 아니라 강력, 약력 등 자연에 존재하는 다른 힘과 입자 들의 상호 작용을 설명하는 데에서도 결정적으로 중요한 역할을 하게 된다. 각 힘과 입자의 상호 작용을 설명하는 이론에 게이지 불변을 요구하면 각 힘을 매개하는 입자가 자연스레 유도되는 것이다. 전자기력의 광자, 강력의 글루온, 그리고 약력의 W 및 Z 보손 하는 식으로 게이지 불변이라는 수학적, 이론적 조건은 힘과 매개 입자를 멋지게 짝지어 주었다. 물론 이 입자들은 모두 발견되었다.

에너지 보존 법칙이나 운동량 보존 법칙과 함께 게이지 불변 법칙은 현대 물리학의 근간을 이루는 법칙이다. 특히 기본 입자와 그 입자들의 상호 작용을 설명하는 데에서 아주 중요한 역할을 하고 있다.

가장 아름다운 이론이요 표준 모형의 수학

표준 모형의 뼈대를 이루는 게 게이지 불변 법칙이라면 표준 모형의 살을 이루는 수학 이론이 있다. 표준 모형이 제시하는 기본 입자와 그 입자들의 상호 작용을 규정하는 매개 입자들은 규칙적인 틀에 따라 몇 개의 집합으로 묶어 주는 이론이 바로 그것이다. 입자들을 그 성질에 따라 고르고 묶어 내는 데 사용되는 이론은 수학자들이 입자 물리학과 상관없이 오래전부터 개발해 온 군론(group theory)이다.

군(群, group)이라는 단어가 뭔가 모여 있다는 뜻이므로 집합(set)과 혼동할 수 있다. 집합이란 뭔지 먼저 살펴보자. 예를 들어 정수 1에서 4까지 모아놓은 집합과 4에서 10까지 모아 놓은 집합이 있다고 해 보자. 이때 두 집합을 이루는 각각의 숫자를 원소라고 한다. 또 두 집합 모두 원소가 유한 개 있기 때문에 유한 집합이다. 두 집합이 모두 원소로 가지고 있는 4로 이루어진 집합은 두 집합의 교집합이고 1에서 10까지 10개의 원소로 이루어진 집합은 두 집합의 합집합이라고 한다. 앞의 집합에 포함되면서 뒤의 집합에 포함되지 않는 원소들의 집합으로 {1,2,3}이 있는데 이것을 차집합이라 한다. 유한 집합이 있으니 원소가 무한 개 있는 무한 집합도 당연히 존재한다. 자연수 전체나 정수 전체로 이루어진 집합 같은 게 무한 집합이다.

그렇다면 군이란 무엇인가? 군이란 어떤 집합과 이항 연산으로 이루어진 대수적 구조물이다. 그러나 집합과 이항 연산이 있다고 모두 군을 이루는 것은 아니다. 몇 가지 특정한 조건을 만족시켜야 한다. 그 집합에 대한 이항 연산이 닫혀 있어야 하고, 항등원과 역원이 반드시 존재해야 하며, 결합 법칙을 만족시켜야 한다는 것이 그 조건이다.

예를 들어 무한 집합인 정수 집합과 이항 연산 중 하나인 덧셈은 군을 이룰 수 있다. 한 정수를 다른 정수와 더하면 반드시 또 다른 정수가 나오므로 정수 집합은 덧셈이라는 이항 연산에 대해 닫혀 있고, 0이 존재해 0이 아닌 정수에 0을 더하면 그 정수 자신이 나오므로 항등원[8]이 있으며, 양의 정수에 대응해 음의 정수가 있어 이를 더하면 반드시 0이 되므로 역원도 있다.

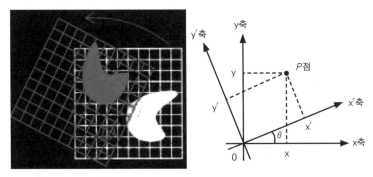

그림 1.5 그림처럼 원점 0를 중심으로 2차원에서 물체를 시계 반대 방향으로 회전한 것도
군론으로 다룰 수 있다. 이 경우 SO(2) 군이라고 한다.

정수의 집합이 군을 이루는 것처럼 실수와 복소수의 집합도 군을
이룬다. 다른 한편으로 군론이 다룰 수 있는 대상은 정수, 실수, 복소
수 같은 수의 집합만이 아니다. 삼각형이나 사각형 같은 도형이나 그
도형을 회전시키거나 하는 동작 등도 군론으로 다룰 수 있다.

2차원 물체를 회전시키는 경우를 생각해 보자. 그림 1.5를 보자. 원
점을 중심으로 해서 x-y 좌표계를 θ만큼 회전시키는 것이다. 이때 본
래의 좌표계와 회전 후의 좌표계 사이의 관계를 행렬식으로 표현할
수 있다. p점에서 (x', y')와 (x, y)의 관계는

$$\begin{pmatrix} x' \\ y' \end{pmatrix} = \begin{pmatrix} \sin\theta & -\cos\theta \\ \cos\theta & \sin\theta \end{pmatrix} \begin{pmatrix} x \\ y \end{pmatrix}$$

라는 행렬식으로 표현할 수 있다. 이때 x-y 좌표계와 행렬식으로 이루
어진 2차원 회전은 하나의 군을 이룬다. 두 좌표 모두 직교이므로 2차

원의 직교 행렬로서 군을 이룬다.

오소고날군과 유니타리군

앞의 2차원 회전의 예는 실수군 중에서 직교 행렬을 가진 군의 예로서 n차원으로 일반화될 수 있다. n차원 실수군에서 직교 행렬을 가진 군은 $O(n)$(O: orthogonal)이라고 표시한다. 비슷하게 복소수군에서 직교 행렬를 가진 군이 있을 수 있으며 이것을 유니타리군 $U(n)$(U: Unitary)이라고 표시한다. 물론 실수군 중에 가장 간단한 것은 1차원인 $O(1)$일 것이다. 차원이 커지면 복잡해지므로 $O(2)$, $O(3)$ 등의 순으로 복잡해진다. 복소수군도 $U(1)$, $U(2)$, 등의 순으로 복잡해진다. $O(2)$와 $U(2)$는 둘 다 2차원일 것 같지만 복소수군은 실수 외에 복소수를 더 갖고 있으므로 $O(2)$가 2차원인 데 반해 $U(2)$는 4차원이다.

이러한 직교 행렬의 군 가운데 행렬의 행렬식(determinant)이 1이 되는 특별한 군이 있다. 이것을 '특수하다(special)' 해서 S를 앞에다 붙여 $SO(2)$, $SU(2)$ 등으로 표현하는데, 예를 들어 앞의 2차원 회전의 경우 각을 포함하는 행렬의 행렬식(determinant)이 1이므로 $SO(2)$ 그룹이다. 일반적으로 $O(n)$이나 $U(n)$보다는 $SO(n)$, $SU(n)$이 식을 하나 더 알고 있으므로 더 간단하다. 이를 바탕으로 U의 군 중에 가장 간단한 군부터 차례로 나열해 보면 유니타리군은 $U(1)$, $SU(2)$, $U(2)$, $SU(3)$, $U(3)$ 순으로 나열할 수 있다.

물론 앞에서 예를 든 것 외에 매우 많은 다른 군이 수학에 존재한다. 군론은 수학에서 가장 아름다운 이론 중의 하나로 알려져 있다. 군론은 수학적으로 흥미진진하지만 20세기 초반까지는 현실적인 대상을 가지지 않은 순수한 이론이었다. 수학자들은 이 군론 자체가 가진 수학적 아름다움에 반해 이 이론을 오랫동안 발전시켜 왔다. 그런데 수학자들만이 가지고 놀던 이 군론이 20세기 중반 이후 물리학적으로 중요한 의미를 가지게 되었고, 현대 물리학자들은 이 군론을 대단히 유용하게 쓰고 있다.

물리학에서 수학의 거의 모든 분야의 이론을 자신들의 연구에 활용하는데, 군론만큼 명확하고 아름답게 자연을 제시해 주는 예는 드물다. 지적했듯이 복소수군의 직교 행렬을 가진 군 중에 대표적으로 가장 간단한 그룹은 $U(1)$ 그다음 간단한 것은 $U(2)$로 보이지만 실은 $SU(2)$이고 그다음 간단한 군으로는 $SU(3)$가 있겠다. 물론 그것보다 더 복잡한 $SU(5)$, $SU(7)$ 등등 다른 군은 끝없이 수학에 펼쳐져 있다. 사실 가장 간단한 그룹부터 차례로 나열하여 묶으면 $(U(1){\times}SU(2){\times}SU(3))$ 표준 모형을 설명하는 수학적 이론 틀이 된다. 표준 모형이 가장 먼저 제안되었고, 가장 단순한 모형이라는 게 바로 이런 뜻이다.

통일장 이론과 표준 모형

자연에 존재하는 힘들은 우주 초기에 원래는 하나였지만, 시간이 지나면서 서로 분리되어 오늘에 이르렀다는 생각이 있다. 이 생각을 발전시킨 이론을 힘을 하나로 통합한 이론이라는 뜻에서 '통일장 이론(Unified Field Theory)'이라고 한다. 물론 이 이론은 과학적 근거를 가지고 있다.

무릇 서로 다른 것을 억지로 통합할 수는 없는 노릇이다. 현재 우리 우주에는 중력, 전자기력, 약력 및 강력의 네 가지 힘이 존재하고 있다. 모든 물질은 이 네 힘이 지배하는 입자들의 상호 작용에 따라 운동하고 있다. 그렇다면 이 네 힘을 한데 모아 설명하는 이론이 있다면 그 이론으로 삼라만상과 우주 만물을 설명할 수 있지 않을까? 그리고 우주가 시작되었을 때 네 가지 힘은 서로 구별되지 않는 하나였지만 시간이 흐름에 따라 네 가지로 나뉘었다는 통일장 이론은 이 '만물 이론(Theory of Everything)'의 후보로 어울리지 않을까?

역사적으로 힘을 통합할 수 있다는 개념은 오래되었다. 앞에서 이야기한 것처럼 19세기에 맥스웰이 역사상 처음으로 전기력과 자기력을 통합하는 데 성공해 전자기 이론을 개발한 바 있다. 이 통합으로 전기와 자기 현상은 서로 따로 떼어 놓고 볼 수 없고 한 현상의 서로 다른 표현으로 이해되어야 함이 밝혀졌다.

물론 전기와 자기 현상은 그 성질이 다르다. 그러나 전기에 의해 자기가 생성되고 자기에 의해 전기가 생성된다는 것이 밝혀진 오늘날에는 전기와 자기 현상을 묶어 전자기 현상이라고 부르고 전기력과 자기력을 통틀어 전자기력이라고 부른다.

또 앞에서 본 것처럼 20세기 들어 양자론의 발전에 힘입어 물질을 구성하는 기본 입자들과 이 입자들의 상호 작용을 세 가지 다른 힘(전자기력, 약력 및 강력)에 따라 설명하려는 노력이 상당한 성공을 거두었다.

즉 모든 기본 입자의 상호 작용이 이 세 힘 중 하나에 의해 일어난다는 것이 밝혀진 것이다.[9] 더 나아가 전기와 자기 현상을 하나로 합친 것처럼 이 힘들을 하나의 통합된 힘의 다른 표현으로 해석할 수 있지 않을까 하는 의문이 대두되기 시작했고, 만물 이론을 개발하고자 하는 야심을 가진 물리학자들은 모든 힘을 통일하고자 노력했다.

먼저 전자기력과 약력을 합치려는 시도가 이루어졌다. 이 시도는 성공을 거두었고 오늘날 과학자들은 전자기력과 약력을 전자기약력 (Electroweak Force, 전약력 또는 약전력이라고도 한다.)이라는 단일 힘의 다른 표현으로 설명한다. 그리고 후에 강력이 합쳐지게 된다.

1967년에 제안된 약력과 전자기력을 통합하는 이론[10]은 우주 초기에 이 두 힘이 다른 형태로 존재하다가 전자기력과 약력을 나뉘었다고 설명한다. 이 이론은 앞서 설명한 것처럼 게이지 불변 법칙에 근간을 둔 것이다. 약력과 전자기력에 의한 상호 작용에 게이지 불변을 요구하면 자연스럽게 힘을 전달하는 매개 입자들이 도출된다. 앞에서 이야기한 것처럼 전자기 상호 작용에 게이지 불변을 요구하면 광자(빛)가 나온다. 마찬가지로 약한 상호 작용(또는 약력 상호 작용)에 게이지 불변을 요구하면 약력을 매개하는 3개의 입자인 $W^{\pm}$와 Z^0 입자가 필수불가결해진다. 물론 강력을 설명하는 양자 색소 역학도 게이지 불변 법칙을 만족시켜야 하므로, 8개의 글루온을 가져야만 한다. 이렇듯 이론상의 게이지 불변의 법칙은 상호 작용을 매개하는 입자의 존재를 정당화시켜 준다. 이러한 입자를 통상 게이지 입자라고 한다. 이 게이지 입자들은 모두 스핀 1을 갖고 있어 게이지 보손이라고도 한다. (스핀이 반정수배의 값을 가지는 입자를 페르미온이라고 하고, 정수배의 값을 가지는 입자를 보손이라고 하는데, 이 스핀이라는 개념은 뒤에서 자세히 설명할 것이다.)

그런데 여기서 재미있는 규칙성이 발견된다. 각각의 힘과 관련된 매개 입자의 수를 살펴보자. 우선 전자기력의 매개 입자는 광자로서 1개이다. 약력의 매개 입자는 양과 음으로 하전된 W 보손 2개와 전기적으로 중성인 Z 보손 해서 3개이다. 그리고 강력 매개 입자는 글루온 8개이다. 매개 입자의 개수가 각 힘에 따라 각각 1, 3, 그리고 8인 것이다. 그리고 서로 상관없어 보이는 이 숫자들 뒤에는 앞서 설명한 군론이 있다.

이 매개 입자들의 수는 앞에서 이야기한 U(1), SU(2) 그리고 SU(3)와 밀접한 관련이 있다. 각 군의 계수[11]도 각각 1, 3, 그리고 8개이다. U(1)은 1차원이므로 1개, SU(2)는 2×2로서 4차원이지만 행렬식이 1로서 식을 하나 알고 있으므로 하나를 빼면 3개이고 마찬가지로 SU(3)는 9-1로서 8개이다.

전자기력과 약력 그리고 강력은 이들 군 가운데 차례로 가장 간단한 군인 U(1), SU(2) 및 SU(3)로 표현되며 이들 군의 알아야 할 계수들은 각각 1개의 광자, 3개의 게이지 보손인 W와 Z 입자 그리고 8개의 글루온인 매개 입자를 채움으로 완성된다. 수학적 '표현'과 매개 입자의 '개수'가 교묘하게 맞아떨어지는 것이다. 이로서 3개의 힘은 수학의 군론의 U 군 중에서 차례로 3개의 가장 간단한 군의 조합인 U(1)×SU(2)×SU(3)로 표현된다. 이것을 표준 모형이라고 한다.

과학 탐구의 역사는 실험적 발견과 그것에 대한 이론적 해석, 또는

그룹(수학)	힘(물리학)	계수의 수(수학)	매개 입자의 수(물리학)
U(1)	전자기력(EM force)	1	1(광자)
SU(2)	약력(weak force)	3	3(W$^+$, W$^-$ 및 Z 입자)
SU(3)	강력(strong force)	8	8(글루온)

표 1.2 수학적으로 가장 간단한 군들이 우주의 힘을 기술한다.

이론적 예견과 그것에 대한 실험적 검증이 앞서거니 뒤서거니 반복해 온 역사이다. 이 역사 속에서 단순한 아이디어는 모형이 되고, 소박했던 모형은 복잡한 이론으로 발전해 왔다. 현재 우리가 보고 있는 모든 과학 지식은 그런 반복의 축적을 통해 구축된 것이다.

표준 모형 역시 이러한 과정을 거치면서 개발되었고, 발전해 왔다. 모든 일이 그렇듯이 물리학에서도 새로운 아이디어를 새로운 모형으로 만들 때에는 제일 간단한 것부터 출발하는 것이 상식이다. 표준 모형을 처음 만든 물리학자들 역시 수학자들만의 지적 장난감이었던 군론을 이용해서 기본 입자의 세계를 해석하고자 첫 걸음을 뗄 때 가장 간단한 군들을 조합해 표준 모형을 만들었다.

그 후에 더 복잡한 군을 이용한 모형들이 무수히 제안되었다.[12] 물리학자들은 표준 모형에서 사용되었던 군보다 복잡한 군을 사용해서 통일장 이론의 모형으로 제시하고자 했다. 그러나 그 복잡한 모형들 대부분은 거의 다 실험적으로 맞지 않아 폐기되어야만 했다. 아직 몇 가지 모형이 살아남아 보다 심화된 검증을 기다리고 있기는 하지만 결과는 장담하지 못한다.

그런 의미에서 보면 표준 모형은 지난 40여 년간 이루어진 실험적 검증에도 불구하고 살아남은 유일한 이론적 모형이다. 물론 이 표준 모형은 불완전하다. 그럼에도 불구하고 실질적으로는 맞는 유일한 모형이다. 처음 만들어진 가장 단순한 모형이 전자기력과 약력과 강력을 통합하고 기기묘묘한 기본 입자들의 세계를 구슬 꿰듯이 체계적으로 엮어 내고 있는 것이다. 가장 단순한 모형만이 자연을 가장 잘 설명하고 있다는 것, 그저 놀라울 뿐이다. 정말 자연은 단순한 것일까?

우리 우주의 기본 구조를 밝히는 가장 표준적인 모형

통일장 이론의 일종이라고 할 수 있는 표준 모형이 수학의 군론과 절묘하게 맞물리는 것은 우주에 존재하는 힘과 그 힘에 따라 상호 작용하는 기본 입자들 간의 관계가 매우 규칙적인 성질을 가지고 있기 때문이다. 자연은 놀라운 대칭성을 가지고 있다. 더군다나 지금까지 이러한 힘과 기본 입자의 상호 작용을 설명하는 데 가장 간단한 군이 이용되고 그 모형만이 아직 유일하게 맞는 것으로 간주된다는 사실 또한 놀랍다.

가장 간단한 군을 적용한 표준 모형의 기본 틀은 기존의 실험적 결과들을 바탕에 둔 이론적인 대칭성 요구에 그 기반을 두고 있다. 우선 기본 입자를 살펴보면 크기를 갖고 있지 않는 6개의 경입자(Lepton)와 6개의 쿼크(Quark)가 있다. 각각의 수가 같을 뿐만이 아니라 이 입자들은 성질에 따라서 각각 2개씩 세 쌍으로 나뉜다. 이들 각 쌍을 세대

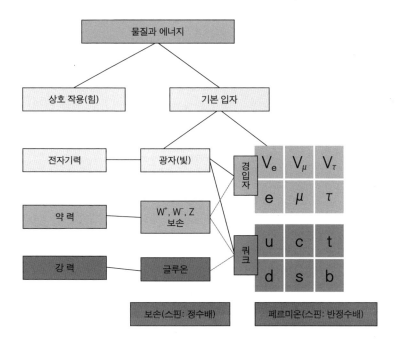

그림 1.6   표준 모형의 기본 입자와 힘으로 본 우리 우주의 구조. 여기에서는 힉스 입자와 중력이 빠져 있다.

(generation)라고 하는데 가벼운 쌍부터 시작하여 1세대, 2세대, 그리고 3세대로 나뉜다.

쌍과 세대의 개념은 전기량과 쌍을 형성하는 입자 사이에만 존재하는 보존되는 양에 근거하여 만들어졌다. 우선 경입자의 경우 각 세대의 윗부분에 있는 중성미자들은 모두 전기를 띠고 있지 않고 아랫부분의 경입자들인 전자, 뮤온, 타우온 등은 -1e의 전기를 띠고 있다. 쿼크들 또한 그러한 규칙성을 갖고 있어 각 세대 윗부분의 쿼크들은

+(2/3)e, 아랫부분의 쿼크들은 모두 -(1/3)e의 전기를 띠고 있다.

또한 이 쌍들은 다른 쌍으로부터 구별되는 고유의 양자수를 갖고 있다. 그림 1.6에서 보는 바와 같이 경입자는 각각 전자와 전자 중성미자, 뮤온과 뮤온 중성미자, 타우온과 타우 중성미자로 쌍을 이루며, 이것에 대응해 쿼크들은 각각 업(up)과 다운(down), 참(charm)과 스트레인지(strange) 톱(top)과 보텀(bottom) 쿼크로 쌍을 이룬다.

이 힘과 입자 들이 그려 나가는 규칙성을 군론이라는 적당한 수학 이론이 있어 우리는 기술할 수 있다. 특히 경입자와 쿼크의 쌍과 그 입자들과 관련된 힘, 특히 힘을 전달하는 매개 입자들의 수는 군론의 수학적 표현과 교묘히 부합된다. 그리고 이것을 게이지 불변 법칙이라는 골격이 튼튼하게 받치고 있다. 실험과 관측은 기본 입자들과 힘 매개 입자들이 분명하게 존재하고 있음을 실증해 주고, 게이지 불변 법칙은 이 입자들의 필연성을 담보해 준다.

기묘하게도 기본 입자와 매개 입자를 본질적으로 구별해 주는 물리량이 스핀(spin)이다.[13] 그런데 쿼크나 경입자처럼 상호 작용에 직접 참여하는 입자는 스핀이 모두 반정수배(1/2, 3/2처럼 정수를 2로 나눈 수이다.)의 값을 가진다. 이러한 스핀 성질을 가진 입자들을 총칭하여 '페르미온(fermion)'이라고 한다. 반대로 상호 작용을 매개하는 매개 입자의 스핀은 모두 정수배이다. 이런 입자들을 '보손(boson)'이라고 한다. 페르미온과 보손은 양자 역학적으로 성질이 매우 다르다. 상호 작용에 직접 참여하는 기본 입자의 스핀은 모두 1/2이고 보손인 매개 입자들의 스핀은 모두 1이다.

물론 힉스 입자는 보손으로 매개 입자는 아니며 스핀이 없고 패리티(parity)가 +인 스칼라 입자[14]이다. 패리티는 거울 이미지로 생각하면 쉬운데 공간 반전이다. 패리티가 '+(even)'라는 뜻은 위치의 반전(x를 $-x$로 바꿈)에 변화가 없다는 뜻이다. 반대로 패리티가 '-(odd)'라면 위치 반전에 부호가 바뀌게 되어 이를 '슈도스칼라(pseudoscalar)'라고 한다.

힉스 입자가 스칼라 입자라는 이야기가 나온 만큼 힉스 입자가 필연적으로 존재해야만 하는 이유를 살펴보자. 표준 모형이 성립하려면 힉스 입자가 반드시 존재해야만 한다. 왜 그럴까?

힉스 입자는 존재해야 한다

앞서 전자기력, 강력 또는 약력에 의해 기본 입자들의 상호 작용이 이루어질 때 힘에 따라 이 반응을 매개하여 주는 매개 입자가 반드시 존재하고 이것을 뒷받침하는 법칙이 게이지 불변 법칙이라고 한 바 있다. 이 법칙은 매우 강력한 것으로 현대 입자 물리학에서 가장 중요한 법칙이다. 여하한 경우라도 입자들의 상호 작용에는 게이지 불변이 반드시 요구된다.

입자의 상호 작용에 관여하는 모든 물리량을 계산하기 위해서는 입자들의 상호 작용에 관여하는 물리적 식을 먼저 설정한다. 이 물리적 식은 대상 입자의 운동 에너지와 외부에서 가해진 에너지, 즉 상호 작용이 일어나도록 하는 전자기력, 강력 또는 약력 등의 상호 작용 에너지 그리고 대상 입자의 질량을 나타내는 항 등 모두 3개의 항으로 구성되어 있다. 이 각각의 항은 모두 게이지 불변 법칙을 거스르면 안 되는데, 운동 에너지와 상호 작용 에너지 항은 자연스레 게이지 불변 법칙을 만족시킨다. 그러나 질량을 나타내는 항은 게이지 불변 법칙을 만족시키지 않았다. 질량 항의 수학적 구조상 절대로 불가능한 일이었다. 그러나 이것은 힉스 메커니즘이 도입되기 전의 입자 물리학 이론에 따를 때 이야기이다.

영국의 물리학자 피터 힉스 등은 질량 항도 게이지 불변 법칙을 만족시킬 수 있게 만드는 메커니즘을 연구했고, 결국 그 메커니즘을 발견하는 데 성공했다. 이것이 바로 힉스 메커니즘(Higgs Mechanism)이다. 이 메커니즘은 대칭의 자발적 깨짐에 의해 게이지 불변을 유도하는데, 여기서 기본 입자들의 질량이 자연스레 부여된다. 이 메커니즘으로 질량 항의 문제가 해결되어 물리적으로 전혀 하자가 없는 이론적 모형이 탄생하게 되었는데 이중 하나가 표준 모형이다. 표준 모형이 아니라고 하더라도 모든 입자 물리학 모형은 질량 항에 이 메커니즘을 도입해 게이지 불변 법칙을 만족시키고 있다.

힉스 메커니즘에 따르면 기본 입자의 질량은 이 입자가 힉스 입자와 얼마나 강하게 상호 작용하느냐에 달려 있다. 예로 전자는 힉스 입자와 매우 약하게 상호 작용하므로 매우 작은 질량을 갖고 있는 데 반해 쿼크는 더 강하게 상호 작용하여 훨씬 더 큰 질량을 갖는 것이다.

힉스 메커니즘의 도입은 이론적 난제를 해결했다. 그러나 이 힉스 메커니즘은 크기만 있고 스핀 등의 다른 물리량이 없는 스칼라 입자인 힉스 입자가 자연에 존재해야만 한다는, 다시 말해 표준 모형이 맞다고 주장하고 싶으면 실험 물리학자들이 이 힉스 입자를 발견해야만 한다는 관제를 안겨 주었다. 1960년대 중반 이후 물리학자들은 자신들의 사냥 목록에 힉스 입자를 추가했고, 입자 충돌 실험을 계속해 왔다. 오늘날 더 이상 쪼갤 수 없는 물질을 이루는 기본 입자와 힘을 매개하는 입자들은 실험적으로 모두 발견되어 이들의 질량은 다 밝혀졌다. 1995년 가장 무거운 톱 쿼크가 발견되어 경입자와 쿼크의 3개 세

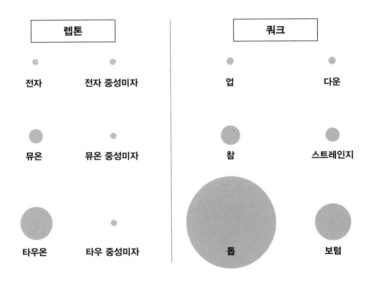

그림 1.7   발견된 자연의 기본 입자들로서 경입자들과 쿼크들. 질량에 따라 무거운 정도를 구의 크기로 형상화했다. 힉스 메커니즘이 기본 입자의 질량과 관련되어 있으므로 기본 입자의 질량이 이 입자가 힉스 입자와 얼마나 강하게 상호 작용하느냐에 달려 있다. 예로 전자는 힉스 입자와 매우 약하게 작용하므로 매우 작은 질량을 갖고 있는 데 반해 톱 쿼크는 더 강하게 상호 작용하여 훨씬 더 큰 질량을 갖는 것이다. 그러므로 힉스 입자는 톱 쿼크처럼 무거운 입자가 참여하는 반응에서 검출될 가능성이 높다.

대가 짝들이 모두 밝혀졌고, 결국 2012년 7월 LHC에서 힉스 입자가 발견되어 표준 모형의 올바름이 확인되었다.

대칭의 자발적 깨짐이란?

표준 모형과 힉스 입자의 이론적 배경을 개략적으로 설명한 1장을 마무리하기에 앞서 대칭의 자발적 깨짐에 대해 언급해 두고 넘어가 볼까 한다.

로마 제국 시대에는 향신료로서 후추를 먹을 수 있는 사람들은 극히 제한되어 있었다. 부유한 귀족이 아니면 맛볼 수 없을 만큼 귀했다. 후추는 부의 상징이었다. 마찬가지로 중세 유럽에서는 중국제 도자기가 귀족들 사이에서 부의 척도가 되었다.

도자기의 좋고 나쁨의 첫째 기준은 물론 흠집 유무와 모양의 균형이다. 아무리 균형이 잡혀 있더라도 흠집이 있거나, 흠집이 없는 대신 균형이 떨어지거나 하는 도자기는 당연히 가치가 매우 떨어졌다. 그밖에 도자기에 넣은 도안, 색깔, 전체적인 모양 등 여러 가지가 도자기의 가치를 판단하는 데 쓰였다.

둥그렇고 하얀 접시 모양 도자기를 생각해 보자. 이 도자기를 판단하는 기준은 여러 가지가 있을 수 있다. 둥근 모양의 정확도, 색깔의 정도, 흠집 여부, 색의 균일도 등 여러 판단 기준이 있을 수 있겠다. 만약 이 접시가 완벽하게 만들어져 완전히 둥글고 흠집도 없으며 색도 전체적으로 균일하다고 가정하자. 그렇다면 이것은 가치가 있고 더욱이 오래되었다면 백자로서 그 가치는 배가될 것이다. 정말 예쁘게 하얗고 은은하며 등의 온갖 수식어를 동원하여 이 도자기의 아름다움을 논할 수는 있지만 이것은 주관적인 기준으로 과학적인 기준이 되지는 못한다. 접시의 특성을 과학적으로 판단한다면 어떻게 해석할 수 있을까? 접시의 과학적인 보편타당성의 기준은 무엇일까?

그림 1.8의 두 그림은 가운데가 봉긋 솟은 도자기 접시를 나타낸 것이다. 왼쪽 그림은 접시를 위에서 내려다본 것이고 오른쪽 그림은 옆에서 본 것이다. 특히 왼쪽 그림은 도자기의 중심을 원점으로 하는 좌표계를 설정한 그림이다.

이 좌표계 위에 임의의 점 p를 선택하고 그 지점을 뚫어지게 쳐다본다고 하고, 화살표처럼 시계 반대 방향으로 접시를 회전시켜 보자. 회전시키면서 좌표 위의 점 p의 변화를 살펴보는 것이다. 앞서 가정한 것처럼 이 접시는 흠 하나 없이 완벽한 것이므로 돌리면서 점 p 지점을

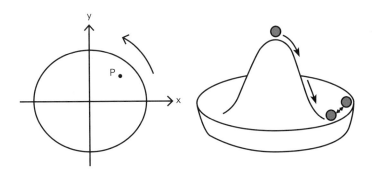

그림 1.8 왼쪽 그림은 2차원 좌표 상의 접시가 회전할 때 좌표상의 지점 p에서 접시의 변화 여부를 보여 주어 회전시키더라도 변화가 없다. 오른쪽 그림은 가운데가 솟아오른 모양의 접시에서 구슬이 굴러 내려가는 상황으로 전과 후에 대칭이 깨지는 예를 보여 준다.

관찰한다고 해서 변화를 관찰할 수는 없을 것이다. 이것은 그림의 p 지점이 아니라 어디를 골라 관찰해도 마찬가지일 것이다. 360도 회전에도 아무런 변화가 없는 것이다. 당신은 '이 접시는 2차원 평면의 회전에 대해서도 전혀 변하지 않는다.'라는 결론을 내리게 될 것이다.

회전을 시키거나 이동을 시키는 등 어떤 동작을 통해 작용을 가해도 변하지는 않는 것을 물리학자들은 '대칭(symmetry)'이라고도 한다. 앞의 도자기 접시를 보고 물리학자들은 이 도자기 접시는 회전에 대해서 대칭적이라고 할 것이다. 물리학에서 대칭은 어떤 양이 불변임을 이른다. 어떤 양이 불변이면 그 양은 보존되므로 대칭은 보존과 같은 의미이다. 다른 한편으로 불변이 아니면 대칭이 깨지는 것이고 보존되지 않는다.

이제 그림 1.8의 오른쪽 그림을 보자. 이번에는 가운데가 볼록하게 솟아오른 꼭대기에 구슬이 있다가 굴러 내려가 밑의 어느 한 부분에서 멈추는 3차원적 상황을 나타낸 그림이다. 이 상황은 대칭의 관점에서 구슬이 꼭대기에 정지해 있을 때와 굴러 내려가 바닥에 떨어졌을 때의 두 단계로 나눌 수 있다. 구슬이 꼭대기에 정지해 있을 때를 위에서 내려다보면 동그란 형태의 중앙에 구슬이 있는 모양으로 왼쪽 그림에서처럼 접시 중앙을 중심으로 회전에 대해 대칭적인 모습이다. 그러므로 구슬이 꼭대기에 정지해 있을 때의 상황은 왼쪽 그림의 2차원의 경우와 마찬가지로 회전에 대해 불변이다.

그러나 구슬이 굴러 내려가면 상황은 매우 달라진다. 구슬이 구르고 난 후 바닥에 떨어질 때 바닥의 어느 부분에 떨어질지는 전혀 모른다. 다만 분명한 것은 바닥의 어느 부분에 떨어질 확률은 특정 부위에 관계없이 모두 같을 수밖에 없다. 그러나 막상 떨어져 바닥에 닿으면 구슬은 밑의 둥그런 부분 중에 어느 특정의 한 부분을 차지하게 된다. 떨어지기 전에는 꼭대기에 있는 구슬을 포함하여 전체가 회전에 대하여 대칭이었다. 그러나 구슬이 바닥 동그란 부분의 어느 한 부분으로 떨어진 후에는 더 이상 대칭이 아니다. 왜냐하면 어느 한 지점에 떨어진 구슬 탓에 이 접시를 60도 회전시킨 것과 180도 회전시킨 것, 그리고 360도 회전시킨 게 다르게 보일 수밖에 없기 때문이다. 회전에 대해 대칭이 깨진 것이다. 이는 흠집난 도자기와 같은 형국이다.

이처럼 구슬이 떨어지기 전에 떨어질 확률은 모든 부분에 대해 같아 대칭을 유지하지만 사건이 종결될 때 어느 특정 부분으로 귀결되어 바닥이 대칭이 깨지는 현상이 있다. 이런 경우를 '자발적 대칭 깨짐(spontaneous symmetry breaking)'이라고 한다. 대칭이 깨지는 종류의 하나이다. 힉스 메커니즘은 이 자발적 대칭의 깨짐을 적용하여 질량 항의 게이지 불변성 문제를 자연스럽게 해결했다.

앞쪽 그림 설명: 검출기 앞에 선 피터 힉스.

발견의 미학

색깔에 매료되고 냄새에 심취하고 소리에 머리카락이 쭈뼛쭈뼛 서도록 감동하고 반하는 게 인간이다. 어찌 아름다움을 지나칠 수 있으랴. 사물에서, 풍광에서, 사람에서 아름다움을 찾아보면 참 많다. 다만 찾을 마음이 부족해 뇌가 활성화되지 않아 보이지 않을 뿐이다. 수(數)만 해도 그렇다. 볼 수 없는 색(色)을 띠고 만질 수 없는 질감을 가진 수는 공감각을 가진 자만이 느낄 수 있는 비밀스러운 아름다움을 간직한, 곧 신의 발명품이 아닌가? 아름답고 아름답다.

물리학의 관측 과정에도 아름다움이 숨어 있다. 시간과 공간이 엉키고 상대성과 보편성이 몸을 섞으며 진리를 잉태한다. 측정의 불확정성은 확실성을 낳고 뭐 하나로 결정지을 수 없는 자연의 이중성은 오

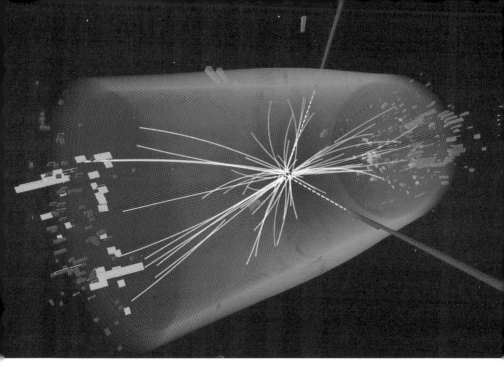

그림 2.1 LHC의 CMS 검출기에서 검출된 양성자-양성자 충돌의 결과. 새로 생성된 입자들이 아름다운 궤적을 그리며 향연을 펼치고 있다. 이것은 힉스 입자가 2개의 광자로 붕괴되는 모습이다.

묘한 지식 체계를 만들어 낸다. 양자론과 상대론의 두 비밀은 하나로 어우러져 최상의 아름다움을 뽐낸다. 디랙 방정식만큼 아름다운 게 어디 있으랴! 상대성과 불확정성이 빈틈 없이 들어맞는 현대 입자 물리학의 세계에서 시공간이 어우러지고 빛이 흩어지며 전자가 춤춘다.

　현대 물리학자들은 LHC의 초대형, 초진공, 초저온의 고리 속에서도 아름다움을 느낀다. 인류가 여태껏 경험하지 못한 에너지를 품은 채 질주하는 양성자 다발은 운명의 선회 끝에 서로 충돌하며 처절하게 부서지고, 입자의 향연을 펼쳐 놓는다. 산산히 흩어지는 입자들이 흩뿌리는 보이지 않는 빛깔, 들리지 않는 굉음을 물리학자들은 추구한다.

굉음이 보이지 않는가? 태초 우주 탄생의 현란함이 들리지 않는가? 초당 수천만 번 양성자 간의 교합이 이루어지고 산산이 쪼개짐으로 말미암아 새로이 탄생된 입자들이 끝없이 흩뿌려진다. 찰나의 순간에 태어난 입자들은 자신의 관성이 뒤틀린 줄도 모르고 자기장에 의해 방향이 흐트러지고 암흑 속의 물질을 만나 그 안의 원자와 처절하게 투쟁하며 서서히 죽어 간다. 신이 부여한 비교적 긴 수명 덕에 그 두꺼운 물질 속에서도 살아남은 입자들일지라도 발자국만 좀 더 진하게 남기고 먼저 사라진 입자들을 따라 마찬가지로 사라진다. 아하, 요것이 전자이고 요건 뮤온 입자이네, 어 자기장 속에서도 제 관성을 유지하는 놈이 있어? 그럼 광자(빛)!

찰나의 순간일지라도 영특한 인류는 모든 것을 잡아낸다. 어디 초당 수천만 번 충돌해 봐라. 이들 모두를 구별해 내는 정보 전달자인 빛을 이용하면 되지 않은가. 인류의 예지(叡智)를 모아 만든 기계들은 끊임없는 교접 가운데 태어나는 미지(未知)의 입자들을 억겁분의 1의 확률, 아니 그 이하일지라도 잡아낸다. 자연의 이해에 조금이라도 더 근접하려는 태도 그 자체가 아름다움이 아니고 무엇이랴.

자, 색깔을 입혀라. 광자는 연두, 전자는 연보라, 뮤온은 주홍, 쿼크는 코발트블루, 온갖 색이 끊임없이 다른 색으로 분열한다. 인류 역사상 처음으로 만든 높은 에너지의 입자들이 온갖 색을 입고 튀어 나온다. 색깔은 곧 수(數)이지 않은가. 어여쁜 색깔이 수로 만들어지고 있

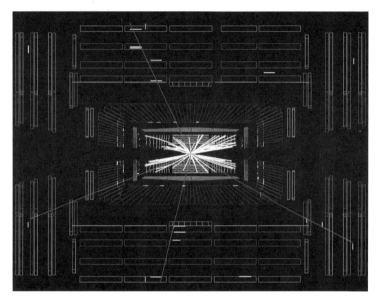

그림 2.2   CMS 실험 팀이 잡아낸 4개의 뮤온. 힉스 입자가 4개의 뮤온으로 붕괴한 것을 보여주는 충돌 영상이다.

다. 수많은 수는 인류가 제작한 역사상 최대의 저장고에 차곡차곡 쌓인다.

진정 인류가 몰랐던 자연 현상이 튀어나올 때 너희 색들은 극도의 아름다움으로 현란하게 나타나게 될 터이니 좀만 기다려라. 수가 입자가 되어 나올 때 그토록 기다리던 우주 최초의 현란한 색의 향연이 펼쳐질 테니까. 우리 인류가 여태까지 모르고 있었던 새로운 입자!

그래서 자연은 아름답고 아름답다.

힉스의 생성과 붕괴

적어도 톱 쿼크가 발견되기 전인 1994년까지만 해도 학자들은 마지막 쿼크인 톱 쿼크를 찾으려는 노력에 온 힘을 기울였다. 우선 경입자의 3세대에 대응되는 보텀 쿼크가 존재하는 이상 그 파트너인 톱 쿼크가 반드시 존재할 것이고, 그것을 발견하는 게 당시로서는 매우 중요했기 때문이다. 더 나아가 힉스 입자를 관측하기에는 당시의 실험적 조건들이 불완전했던 것도 사실이다. 그러나 톱 쿼크가 발견되고 표준 모형의 존재감이 훨씬 더 커진 이상 표준 모형에서 제시하고 있는 마지막 남은 힉스 입자를 찾으려는 노력은 유럽과 미국에서 동시 다발적으로 진행되게 된다.

LHC 가동이 시작되기 전에는 CERN의 전자-양전자 충돌기인 LEP(Large Electron-Positron)와 양성자-반양성자 충돌기인 미국의 테바트론(Tevatron)이 본격적인 힉스 입자 탐색을 벌였다. 물론 힉스 입자 발견에 용이한 LEP 실험의 결과들이 LEP 가동 종료 시점인 2000년 까지 테바트론 결과를 압도했다. 그 이후 LHC 가동 전까지 테바트론이 힉스 입자 발견을 위한 탐색전의 선봉이 되었다.

여태까지 발견되지 않은 미지의 입자를 찾기 위해서는 인류가 창출해 보지 못했던 매우 높은 에너지로 입자 '빔(beam)'을 충돌시켜야 한다. 전자와 양전자를 충돌시킬 수도 있고, 양성자와 반양성자를 충돌시킬 수도 있으며, LHC처럼 양성자와 양성자를 충돌시킬 수도 있지만 일단 그 입자들을 모은 빔이 필요하다.

자연에는 존재하나 인류가 아직 발견하지 못한 까닭은 충돌시키는 입자 빔의 에너지, 데이터의 양 등 주어진 물리적 여건이 그 입자를 생성하기 부족하기 때문이다. 만약 발견의 여건이 충족된다고 하더라도 새로운 입자를 생성해 내는 사건은 여타 이미 관측된 현상에 비해 매우 드물게 일어나게 된다.

　입자 생성을 위한 물리적 조건이 충족되었다면 충돌 시 아주 드물지만 경우에 따라서 힉스 입자가 생성될 수가 있다. 그러나 힉스 입자는 설령 생성되었다고 할지라도 찰나에 다른 입자로 붕괴하기 때문에 검출기가 힉스 입자를 직접 잡아낼 수는 없다. 대신에 검출기는 빔 충돌 후 생성된 입자의 모든 붕괴의 형태를 잡아내어 데이터 분석의 과정을 거치게 되는데 물리학자들은 힉스 입자로부터 붕괴되었다고 추정되는 패턴을 가려냄으로써 힉스 입자라고 판단하게 된다.

　물론 이 과정은 매우 복잡하고 어렵다. 붕괴의 형태가 같을지라도 힉스 입자의 붕괴가 아닌, 이미 관측된 다른 현상으로 인한 것들이 훨씬 더 많기 때문이다. 이들을 배경 사건(background event)이라고 부른다. 이들의 제거는 데이터 분석의 핵심 과정 중의 하나로서 힉스 입자를 색출하기 위해서는 수조, 수십조 회의 충돌 사건들이 분석되어 걸러져야 한다.

　배경 사건을 거르고 남은 데이터가 힉스 입자가 없다는 가정을 했을 때 예측되는 사건의 개수보다 더 많이 검출되었다면 이것은 힉스 입자가 존재한다는 강한 증거가 된다. 입자를 발견했다고 주장하기 위해서는 발견된 입자가 통계 요동에 의한 배경 사건일 확률이 최소한

100만분의 1보다는 작아야 한다. 이것을 다르게 표현하면 발견된 입자의 개수가 100만 개일 때 그중 기껏해야 하나가 새로운 입자가 아닌 다른 배경 사건이라는 뜻이다. 확률이 100만분의 1인 경우를 통계적으로 5시그마$^{(\sigma)}$라고 한다. 당연히 충돌이 더 많이 이루어져 더 많은 데이터가 모아지면 입자 발견의 확률은 더욱 더 높아지게 된다.

톱 쿼크 발견 이래 힉스 입자 탐색이 본격화되었지만 힉스 입자는 쉽게 발견되지 않았다. 그렇다고 결과가 없는 것은 아니었다. 힉스 입자의 질량 범위를 좁힐 수 있었다. 힉스 입자가 발견되지 않은 질량 영역을 차례차례 실험 대상에서 배제해 갈 수 있었다는 것이다.

1990년대에는 지금의 LHC가 설치되어 있는 터널에 전자-양전자 충돌기인 LEP가 설치되어 약 200기가전자볼트의 에너지로 가동되고 있었다. LEP에 존재했던 4개의 실험 그룹이 모두 힉스 입자 탐색 실험을 수행했지만 찾지 못했다. 그들의 실험 결과는 만약 힉스 입자가 존재한다면 질량이 114.4기가전자볼트보다는 무거울 것이라는 추정만 남겨주었다. 결국 LEP는 LHC의 건설을 위해 2000년에 가동 종료되었다.

LEP의 가동 종료와 함께 힉스 입자의 탐색의 주도권은 미국의 페르미 연구소(Fermi National Accelerator Laboratory, FNAL)로 넘어갔다. 페르미 연구소에서는 1995년에 톱 쿼크를 발견한 바 있는 테바트론을 이용해 힉스 입자를 탐색했다. 페르미 연구소는 힉스 입자를 찾기 위해 테바트론의 출력을 2테라전자볼트로 높이는 대대적인 업그레이드를 단행한다. 발견을 장담할 수는 없었지만 LHC 완공 전 힉스 입자를 발견할 가능성이 있던 것은 테바트론을 이용한 CDF와 D0 실험뿐이었다.

그러나 2009년 LHC가 가동되고부터 상황은 급변한다. LEP의 가동 종료 이래 10년 정도 힉스 입자를 중점적으로 탐색해 왔지만 테바트론은 결국 힉스 입자를 발견하지 못하고 2011년 9월 30일 가동을 종료한다. 가동을 계속해도 LHC와의 경쟁에서 뒤쳐질 것이라는 판단이 내려졌기 때문이다. 147~180기가전자볼트의 영역이 힉스 입자 질량 후보에서 제외되었고, 115기가전자볼트와 140기가전자볼트 사이의 영역에서 힉스 입자로 보이는 사건이 있는 것 같다는 발표가 테바트론의 실험 그룹이 힉스 입자와 관련해 내놓은 마지막 성과였다.

힉스 입자 생성의 확률

LHC에서 양성자와 양성자가 정면 충돌을 하면 가공할 에너지로 인해 서로의 입자 깊숙이 파고들 수 있다. 이것은 당구공이 다른 당구공과 정면으로 충돌할 때 충돌하는 힘이 매우 강하면 결국 당구공이 파괴되는 것과 같은 이치이다. 그러므로 정면 충돌로 인한 붕괴로부터 생성되는 입자들의 반응이 우리에게 관심 있는 새로운 물리 현상일 확률이 높다. 하지만 정면 충돌로 일어난 사건들이 모두 관심의 대상이 되는 것은 아니다. 왜냐하면 그중 대부분은 이미 알려져 있는 물리 현상들이기 때문이다. 당연히 여태껏 관측되지 않은 현상은 매우 드물게 일어난다.

LHC에서 수많은 충돌이 일어난다고 할지라도 대부분의 사건은 탄

물리 반응	상대적 확률
탄성/비탄성 충돌	1
보텀 쿼크 현상	1,000분의 1
W → 전자 + 중성미자	1000만분의 1
톱 쿼크 생성	~100억분의 1
힉스 입자 생성	~1000억분의 1

표 2.1 LHC의 양성자-반양성자 충돌 후 생성되는 입자들의 붕괴 형태 중 탄성/비탄성 충돌을 1로 가정했을 때 주요 물리 반응의 상대적 확률로서 탄성/비탄성 충돌이 1000억 번 생긴다면 힉스 입자가 생성된 사건은 한 번 생긴다는 뜻이다. 말하자면 힉스를 관측하기 위해서는 양성자와 양성자를 수천억 번 충돌시켜야 한다.

성 및 비탄성 충돌(양성자들이 충돌하지 않거나 정면 충돌하지 않고 가볍게 충돌하는 경우) 사건으로 물리적 연구의 대상으로 전혀 중요하지 않다. 이러한 사건들은 이미 오래전에 관측된 사건이고 찾고자 하는 새로운 물리 현상의 탐색을 방해하는 배경 사건일 뿐이다. 충돌 후 사건의 대부분을 차지하고 있는 탄성 및 비탄성 충돌이 일어날 확률을 1로(또는 1에 근접한 값으로) 가정하고 다른 사건이 상대적으로 얼마나 적게 일어나는지를 살펴보자. 무거운 입자라고 할 수 있는 보텀 쿼크를 포함하는 현상이 일어날 확률이 약 1,000분의 1이다. 이 현상은 탄성/비탄성 충돌 현상을 제외하면 확률이 상대적으로 매우 높은 편에 속한다.

W 입자가 전자와 중성미자로 붕괴하는 사건은 1000만분의 1의 확률로 일어나며 톱 쿼크의 생성은 100억분의 1의 확률로 일어난다. 물론 W 입자나 톱 쿼크는 이미 발견된 입자들로서 힉스 입자처럼 새로운 입자를 찾을 때에는 배경 사건이 될 뿐이다. 그렇다면 힉스 입자가

생성되는 확률은 얼마나 될까?

힉스 입자가 생성될 확률은 톱 쿼크보다 수십 배 낮다고 보면 된다. 즉 힉스 입자가 LHC에서 양성자-양성자 충돌을 통해 생성될 확률은 1000억분의 1이다. 결국 힉스 입자의 붕괴로 인한 사건이 한 번 일어나려면 빔을 1000억 번 충돌시켜야 한다는 결론이 나온다. 물론 꼭 1000억 번 양성자를 충돌시켜야 힉스 입자가 나온다는 이야기는 아니다. 1000억 번 충돌시키는 와중에 한 번은 힉스 입자가 생성된다는 뜻이다. 문제는 1000억 개씩 쏟아지는 사건 중에서 힉스 입자의 붕괴로 보이는 1개의 사건을 골라내야 하는 것이다.

더 나아가 1000억분의 1의 확률이라는 것은 오직 이론적인 계산만을 고려한 것으로 검출기의 효율 등 각종 데이터 분석 관련 효율을 100퍼센트로 가정한 것이다. 여러 실험상의 비효율을 고려하면 실지로 검출할 확률은 훨씬 더 낮아진다. 결국 힉스 입자의 붕괴로 인한 사건이 한 번 일어나려면 빔을 수천억 번 내지 수조 번 충돌시켜야 한다.

힉스 입자는 어떻게 생성되는가?

힉스 입자는 일반적으로 입자 충돌형 가속기에서 생성될 수 있다. LEP나 테바트론이나 LHC 모두 충돌형 가속기에 속한다. LHC는 테라전자볼트 영역의 매우 높은 에너지에서 양성자와 양성자를 충돌시키기 때문에 테바트론 등 여타 가속기에 비해 새로운 입자가 생성될 가능성이 단연 높다.

LHC의 양성자-양성자 충돌에서 힉스 입자가 생성되는 과정은 크게 네 가지가 있다. 네 과정은 모두 붕괴 형태도 다르고, 각각이 일어날 확률도 매우 다르다. 더 나아가 같은 붕괴 형태일지라도 힉스 입자의 질량이 얼마냐에 따라 반응의 강약이 달라진다. 그러므로 힉스의 질량이 얼마인지 전혀 모를 때에는 가능한 모든 반응을 살펴볼 필요가 있다.

이 네 가지 반응을 보면 한 가지 공통점이 있는 것을 알 수 있는데, 그것은 질량이 큰 입자가 관여하는 반응에서 힉스 입자가 생성될 확률이 압도적으로 높다는 것이다. 그것은 힉스 입자가 다른 기본 입자들에 질량을 부여해 주는 메커니즘과 관련이 있기 때문이다. 6종의 쿼크 모두 힉스 입자의 생성에 관여하기는 한다. 그러나 양성자-양성자 충돌 실험에서 힉스 입자는 대부분 톱 쿼크나 보텀 쿼크가 관여하는 반응에서 생성된다. 질량이 작은 스트레인지 쿼크나 업 쿼크 또는 다운 쿼크가 참여하는 반응에서도 힉스 입자가 생성되기는 하나, 그 양은 상대적으로 아주 작다.

힉스 입자가 생성되는 반응은 양성자-양성자의 충돌이 일어날 때 어떤 입자들이 반응에 참여하는지에 따라 구분할 수 있다. 양성자와 양성자가 충돌하면 우선 각각의 양성자 안에 구속되어 있는 글루온이 서로 충돌하는 일이 매우 빈번하게 일어난다. 2개의 글루온이 가상 쿼크[15]들과의 반응을 통해 결합하게 되면 힉스 입자가 생성되는데 이것을 글루온 퓨전(gluon fusion)이라고 한다.

이때 생성되는 힉스와 쿼크의 결합의 강도는 앞에서 언급한 바와 같이 쿼크의 질량에 비례하므로 톱 쿼크나 보텀 쿼크 같은 무거운 쿼크에 대한 반응이 더 빈번하게 일어난다. 톱 쿼크과 보텀 쿼크 외의 다른 쿼크들의 질량은 상대적으로 너무 가벼워 이 반응에서 무시될 수 있다. 글루온 퓨전 반응은 LHC에서 힉스 생성에 가장 큰 반응으로 나머지 세 과정에 비해 적어도 10배 이상 더 일어난다. 그러므로 이 반응으로 인한 힉스의 탐색이 우선적으로 수행되어야 함은 두말할 나위가 없다.

두 번째로 많이 일어나는 반응으로서 양성자와 양성자가 충돌하는 과정에 각 양성자 내의 쿼크들이 W나 Z의 가상 벡터 보손을 교환하면서 힉스가 생성되는 반응으로 이를 벡터 보손 퓨전(vector boson fusion)이라고 한다. 이때 충돌하는 쿼크는 같은 종류일 필요가 없는 것이 하전된 벡터 보손인 W 입자나 중성인 Z 입자를 교환하는가에 따라 다르기 때문이다. 이 반응에 의해 생성되는 입자는 힉스 입자뿐만이 아니라 쿼크 2개도 같이 생성된다.

또 다른 힉스 입자의 생성 과정으로 쿼크와 반쿼크가 충돌하여 $W^{\pm}$나 Z^0 보손의 매개를 통해서 힉스 보손이 생성되는 것을 들 수 있다. LHC에서 이 반응은 세 번째로 많이 일어난다. 상대적으로 적게 일어나는 것이다. 그 이유는 LHC가 양성자와 양성자를 충돌시키기 때문이다. 양성자-반양성자를 충돌시켰던 테바트론에서는 이 반응이 글루온 퓨전 반응 다음으로 두 번째로 많이 일어난다. 이를 힉스 스트랄룽(Higgs strahlung)이라 한다. 이 반응에 의해 생성되는 입자는 힉스 입자만이 아니다. $W^{\pm}$나 Z^0 보손이 함께 생성된다.

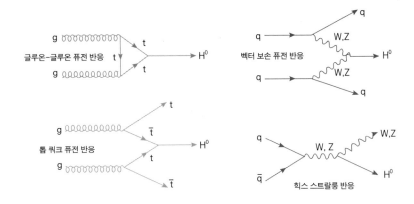

그림 2.3   LHC에서 힉스 입자가 생성되는 네 가지 반응을 나타낸 파인만 도식.

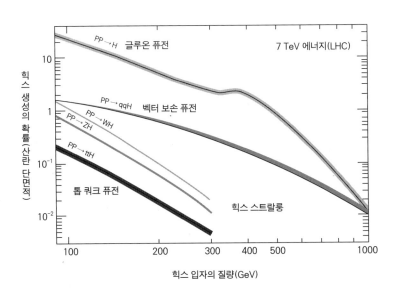

그림 2.4   힉스 입자를 생성하는 네 가지 반응. 글루온 퓨전 반응의 힉스 입자 생성 확률이 가장 높음을 알 수 있다. 반응은 힉스의 질량값에 따라 변화한다.

마지막 반응으로서 비록 글루온-글루온 퓨전에 비해 100여 배 적게 일어나 힉스 생성 반응 중 상대적으로 가장 적게 일어나는 반응이 있다. 톱 쿼크 쌍이 힉스와 함께 생성되는 반응이 그것이다. 이 경우 충돌하는 각 글루온들이 2개의 톱 쿼크의 쌍으로 붕괴하게 된다. 그중 하나의 톱 쿼크 쌍이 힉스를 형성할 수 있다. 이 반응을 톱 쿼크 퓨전 (top quark fusion)이라 부른다.

LHC에서의 힉스 탐색은 글루온 퓨전에 의한 반응을 최우선적으로 하고 벡터 보손 퓨전, 힉스 스트랄룽 그리고 마지막으로 톱 쿼크 퓨전의 순으로 탐색을 하게 된다.

붕괴하는 힉스 입자는 흔적을 남긴다

입자는 일종의 공명 현상으로 모두 폭을 가지게 되는데 보통 입자라면 폭(width)이 매우 작아 매우 예리한 뾰족한 형태의 피크(peak)를 이

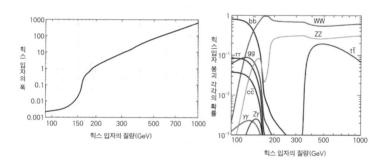

그림 2.5 힉스 입자의 폭은 자신의 질량에 비례한다(왼쪽), 생성된 힉스 입자가 붕괴하여 다른 입자들로 변하는 확률의 힉스 질량에 따른 분포(오른쪽).

힉스 붕괴 형태	탐색 가능한 질량 영역
H → γγ(2개의 광자)	110~150
H → bb(2개의 보텀 쿼크)	110~135
H → ττ(2개의 타우 입자)	110~140
H → WW → 2l 2ν(각각 2개의 경입자와 중성미자)	110~600
H → ZZ → 4l(4개의 경입자)	110~600
H → ZZ → 2l2τ(각각 2개의 경입자와 타우 입자)	180~600
H → ZZ → 2l2j(각각 2개의 경입자와 제트)	226~600
H → ZZ → 2l2ν(각각 2개의 경입자와 중성미자)	250~600

표 2.2 **힉스의 질량에 따른 힉스 입자의 붕괴 형태. 탐색 가능한 질량 영역의 단위는
기가전자볼트이다.**

룬다. 힉스 입자가 생성될 때의 폭은 힉스 입자의 질량에 비례하는 특
별한 성질을 가진다. 생성된 힉스 입자는 더 가벼운 다른 입자로 붕괴
하는 과정을 거치게 된다. 어떤 입자로 붕괴하는가는 힉스 입자의 질
량과 붕괴하는 입자 사이의 질량차, 그들 간의 상호 작용의 강도에 따
라 사뭇 다르게 일어난다. (그림 2.5, 표 2.2 참조) 발견된 새로운 입자의 질량
이 125기가전자볼트 정도이므로 이 입자가 힉스 입자일 경우 수명은
약 1.6×10^{-22}초라고 표준 모형은 예측한다. 그러므로 생성된 힉스 입
자는 순식간에 다른 입자들로 붕괴하는 것이다.

어떤 입자로 붕괴하는가는 힉스 입자의 질량이 얼마냐에 따라 달
라지고 다른 모든 무거운 기본 입자들과 상호 작용하므로 붕괴 과정
은 매우 많을 수 있다. 각각의 붕괴 과정은 확률을 가지고 일어나는데
이를 붕괴율(branching ratio) 또는 갈래비라고 하고 특정 붕괴가 일어나

는 수를 모든 붕괴가 일어나는 수로 나눈 값이다. 붕괴율은 힉스 질량의 함수로서 나타낼 수가 있다. 다음은 힉스 입자의 몇 가지 붕괴 과정들이다.

$H \rightarrow b\bar{b}, t\bar{t}$: 힉스 입자가 붕괴하는 첫 번째 방법으로 기본 입자의 쌍으로 붕괴하는 경우이다. 이때 힉스 입자는 대개 가벼운 기본 입자보다 무거운 입자로 붕괴하는데 힉스 입자가 붕괴하는 상호 작용의 강도는 기본 입자의 질량에 비례하기 때문이다. 만약에 그렇다면 가장 많이 붕괴되는 형태는 가장 무거운 기본 입자 쌍인 톱 쿼크 및 반톱 쿼크($t\bar{t}$)로 붕괴하는 것이다. 이 경우 힉스의 질량이 최소한 톱 쿼크 질량의 2배인 약 346기가전자볼트가 되어야 한다. 125기가전자볼트의 힉스는 톱 쿼크 쌍으로 붕괴할 수 없고 가장 많이 일어나는 붕괴는 보텀 쿼크 쌍($b\bar{b}$)이고 다음에 많이 일어나는 붕괴는 타우온 쌍($\tau\bar{\tau}$)이다. 반 이상이 보텀 쿼크 쌍으로 붕괴하고 타우온 쌍으로의 붕괴는 10퍼센트 이하이다.

$H \rightarrow W^{+}W^{-}$: 다른 붕괴의 형태로서 힉스가 무거운 게이지 보손으로 붕괴하는 것을 들 수가 있다. 가장 흔하게 일어나는 것으로 W 입자 쌍($W^{+}W^{-}$)의 붕괴로서 힉스 질량 125기가전자볼트에서 20퍼센트 정도 일어난다. 생성된 W 보손은 또다시 쿼크 쌍이나 하전된 경입자와 중성미자의 다른 입자로 붕괴하게 된다. 그러나 이 붕괴 중 쿼크 쌍은 강력에 의해 반응해 생성되는 QCD에 의한 쿼크 쌍이 압도적으로 많이 생성되므로 배경 사건이 너무 많고 경입자 붕괴의 경우 중성미자는 검출이 안 되기 때문에 붕괴로부터 얻을 수 있는 힉스의 질량을 알 수가

bb:	57.7%	ZZ:	2.6%
WW:	21.5%	γγ:	0.23%
ττ:	6.3%		

표 2.3　힉스 입자의 질량이 125기가전자볼트일 경우의 갈래비.

없다.

H→Z⁰Z⁰: 힉스 입자가 Z 보손 쌍으로 붕괴하는 것은 그 붕괴율이 약 3퍼센트밖에는 되지 않지만 생성된 Z 보손들이 상대적으로 검출이 용이한 전자나 뮤온의 쌍으로 붕괴하기 때문에 힉스 입자의 질량뿐만이 아니라 운동 경로를 분석하여 스핀 등 다른 양을 알아낼 수 있어 매우 중요하다. 힉스 입자의 탐색에 가장 중요한 붕괴 형태이다.

H→g g , γγ: 힉스 입자는 광자나 글루온 등과 같이 질량이 없는 게이지 보손으로 붕괴할 수도 있다. 글루온으로의 붕괴는 약 8퍼센트로서 작지 않으나 이 경우 QCD 등 다른 배경 사건이 너무 커서 찾아내기 어려운 단점이 있다. 글루온으로의 붕괴보다는 훨씬 드물게 W 보손이나 무거운 쿼크에 의해 매개된 광자 쌍으로 붕괴하는 경우가 있다. 이 붕괴는 드물게 일어날지라도 광자의 운동량과 에너지를 매우 정확하게 측정할 수 있어 힉스 입자의 질량을 매우 정확히 측정할 수 있기 때문에 힉스 입자가 Z 보손 쌍으로 붕괴하는 반응과 함께 가장 중요한 반응으로 분류된다.

정리하면 힉스 입자가 보텀 쿼크 2개로 붕괴하는 비율이 가장 높음을 알 수 있다. 그러나 이 경우 배경 사건이 너무 많아 힉스 입자의 붕괴로부터 온 것인지 알아내기가 어렵다. 비록 갈래비가 매우 낮을지라도 상대적으로 배경 사건이 적은 ZZ와 광자 2개로 붕괴하는 2개의 힉스 입자 붕괴 과정을 주요 탐색 대상으로 찾는다.

CSI보다 날카로운 힉스 입자 붕괴의 흔적 찾기

힉스 입자의 질량에서 114기가전자볼트 이하의 질량 영역은 앞서 언급한 바와 같이 이미 10여 년 전 LEP 실험을 통해 제외되었고, 147~180기가전자볼트인 영역은 그 후에 이루어진 테바트론 실험에서 제외되었다. 결국 물리학자들은 그 나머지 영역에서 힉스 입자를 탐색해 나가야 했다. 앞에서 설명한 것처럼 힉스 입자는 그 질량에 따라 붕괴되었을 때 나오는 입자들이 달라지기 때문에 탐색하는 질량 영역에 따라 다른 입자를 찾아야 했다.

LEP와 테바트론의 실험 결과 힉스 입자의 추정 질량 영역은 크게 세 가지로 나뉘었다. 가벼운 질량의 영역에 속하는 114~140기가전자볼트의 영역과 중간 영역인 200기가전자볼트 정도의 영역, 그리고 그 이상의 무거운 질량 영역으로 나뉘었다. 만약 힉스 입자의 질량이 가벼운 질량 영역에 속해 있으면 힉스 입자는 주로 2개의 광자나 2개의 타우 입자 등으로 붕괴할 것이기 때문에 이 붕괴 형태에 맞춰 탐색을 진행해야 한다. 반대로 무거운 질량 영역이라면 힉스 입자는 대부분 2개의 게이지 보손(WW, ZZ)으로 붕괴할 것이기 때문에 이 채널들을 탐색해야 한다.[16]

예를 들어 힉스 입자의 질량이 가벼운 질량 영역에 속해 힉스 입자가 2개의 광자로 붕괴할 경우 데이터 분석이 어떻게 이루어지는지 살펴보자. 실험 물리학자들은 우선 충돌 데이터로부터 2개의 광자가 생성된 사건을 찾아야 한다. 그런데 광자는 전기를 띠고 있지 않으므로 전기를 띤 입자를 검출하는 궤적 검출기로는 검출할 수가 없다. 대신 에너지 검출기로는 검출할 수가 있다. 에너지 검출기 속으로 입사된 광자는 검출기 안에 있는 물질의 원자들과 에너지를 다 소진할 때까지, 즉 정지할 때까지 반응하면서 흔적을 남긴다.

에너지 검출기는 앞쪽에 전자기 에너지 검출기가 있고, 이것을 둘러싸는 형태로 뒤쪽에 강입자 에너지 검출기가 포진해 있는 구조로 이루어져 있다. 입자 물리학자들은 궤적 검출기에 궤적이 잡히지 않고 에너지 검출기 중에서 오직 앞쪽의 전자기 에너지 검출기에만 흔적을 남기는 것을 보고 이 입자가 광자임을 알게 된다. 예를 들어 전기를 띤 전자나 뮤온이나 제트(jet) 등은 궤적 검출기에 흔적을 남기므로 광자와 구별된다.

에너지가 매우 높은 2개의 광자를 찾아냈다고 해서 힉스 입자의 붕괴를 관측한 것은 절대로 아니다. 대부분의 경우 그 광자들은 힉스 입자의 생성과 붕괴가 아닌 우리가 이미 알고 있는 다른 물리 현상에서 나온 배경 사건일 가능성이 매우 높기 때문이다. 그러므로 광자를 관측했을 때 이 사건들이 배경 사건인지 아니면 힉스 입자와 관련된 반응으로부터 나온 것들인지를 구별하는 것이 중요하고 또한 매우 어려운 작업이다. 심지어 힉스 입자에서 나온 광자들의 수에 비하면 배경 사건들에서 나온 광자들의 수가 엄청나게 많다. 힉스 입자 붕괴로부터 나온 사건을 찾아내는 일은 수십억 개의 사건 속에서 불과 몇 개의 사건을 찾아내는 작업이다. 즉 몇 개를 제외한 나머지 사건들은 모두 배경 사건인 셈이다. 실험 물리학자들이 CSI의 과학 수사관들보다 더 치밀해져야만 하는 것은 이런 탓이다.

포위망을 좁혀 나가는 입자 사냥꾼들의 발견 경쟁

CERN의 LHC가 2008년 가을에 안전성을 고려하여 본래의 설계 에너지보다 4테라전자볼트 낮은 10테라전자볼트에서 그 첫 가동을 시작했지만 일주일 만에 고장이 나버려 혼쭐이 나고 있는 동안 미국 페르미 연구소의 테바트론은 쉴 사이 없이 데이터를 획득하고 있었다. 보통 가속기 실험에서 한 번 시작된 데이터 획득은 빔이 소진될 때까지 24시간 계속된다. 1995년 에너지를 2테라전자볼트로 올려 시작된 테바트론의 양성자-반양성자 충돌 실험은 그즈음 원숙의 경지에 이르러 있었다. 심지어 버튼 하나만 누르면 데이터가 무조건 획득되는 상황이라고 해도 좋을 정도였다. 테바트론의 실험은 매우 순조로웠다.

LHC가 첫 가동에서 경험한 고장은 생각보다 매우 심각한 것으로 드러났다. 일단 고장이 난 부분만을 수리하기는 했으나 설계 에너지인 14테라전자볼트의 출력을 내기 위해서는 문제가 된 쌍극자 자석뿐만 아니라 LHC 링 전체에 깔려 있는 수천 개에 이르는 쌍극자 자석을 모두 교체해야 한다는 진단이 내려졌다. 고장에 대한 진단에만 이미 1년

여를 소비한 CERN은 최소한 2년여가 걸리는 쌍극자 자석 교체 문제를 뒤로 미루고 설계 에너지보다 훨씬 낮은 7테라전자볼트에서 가속기를 재가동하기로 결정했다. 그리고 2010년 3월에서야 재가동을 시작했다.

10년 넘게 공들여 제작한 LHC 가속기에서 문제가 발견된 이상 LHC 가동 팀은 비록 7테라전자볼트에서의 가동일지라도 신중을 기해야 했다. 막대한 비용을 쏟아 부은 기계가 다시 고장난다면 문제가 보다 심각해질 수 있었기 때문이다. 2010년 3월 재가동 이후에도 LHC는 몇 달이 되도록 시험 가동 단계에 머물러 있었다. 결국 이것은 힉스 입자를 찾기 위해서는 데이터 수집에도 차질을 가져왔다. 힉스 입자 탐색에는 앞에서 설명한 것처럼 방대한 데이터가 필요하다. 그러나 재가동 6개월이 지난 9월에도 LHC에서 생산된 데이터의 양은 턱없이 부족했다.

LHC 초기 가동 과정에서 생긴 데이터 획득의 문제는 힉스 입자의 탐색에서 LHC가 테바트론을 쉽게 능가할 것이라는 예측을 빗나가게 만들었다. 더 나아가 테바트론의 연장 움직임도 만들어 냈다. LHC의 데이터 획득에 문제가 있으니 2011년 9월에 가동 종료가 예정되어 있던 테바트론의 가동 기간을 3년 더 연장하자는 의견이 대두되어 미국 에너지성에 정식 제안서가 제출되기에 이른 것이다.

그러나 2010년 9월에 들어서면서 데이터가 본격적으로 모이기 시작했다. LHC에서 획득되는 데이터의 양은 9월부터 기하급수적으로 늘어났다. 그러나 LHC는 2010년 10월 그해의 가동을 종료하게 된다.

한 달 전인 9월부터 데이터가 본격적으로 모이기는 했다고 해도 그때까지 모인 데이터를 모두 모아 봐야 힉스 입자를 탐색하는 데 필요한 최소 데이터의 20분의 1에 불과했다. CERN의 물리학자들은 어쩔 수 없이 힉스 입자를 본격적으로 탐색하지 못하고 잠시 기다리고 있을 수밖에 없었다.

그동안 테바트론의 CDF와 D0 실험 그룹은 힉스 입자 탐색에 가속도를 붙여 나가고 있었다. 비록 찾지는 못했지만 당시 입자 물리학계에서 15년 넘게 제외하지 못하고 있던 힉스 입자 질량 영역 중 하나를 제외하는 성과를 거둔다. 2011년 3월에 전 세계 학회에 CDF와 D0 실험 그룹은 힉스 입자의 질량이 157~183기가전자볼트 영역에 있지 않

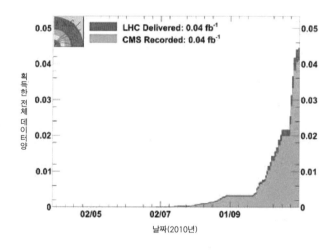

그림 2.6　LHC의 2010년도 데이터 획득 현황. 2010년 LHC는 3월부터 10월 말까지 가동되었으나 3월부터 6개월간 데이터를 전혀 획득하지 못했다. 9월에 이르러서야 비로서 획득의 조짐을 보이기 시작했다.

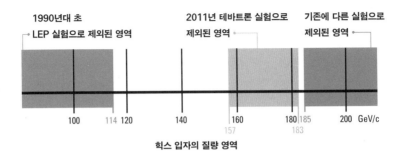

그림 2.7   2011년 봄, 테바트론의 CDF와 D0 실험 그룹은 힉스 질량에서 157~183기가전자볼트 영역을 제외시켰다.

을 것이라고 발표하게 된다.

2011년 1월 10일, 그러니까 LHC가 우여곡절 끝에 데이터 획득과 관련된 청신호를 획득하고 2011년 3월의 새로운 가동을 위해 2010년 10월 말 가동을 종료하고 두 달 후, 1년에 두 번 열리는 CDF 실험 그룹 내의 국제 재정 위원회 회의가 미국 페르미 연구소의 윌슨 홀 2층 회의 실에서 오전 9시에 시작되었다.

이 위원회는 CDF 실험 그룹에 속한 각국 대학 연구 팀의 대표들로 구성되어 있었고, CDF 실험과 관련해 운용 및 재정 상태 등을 점검하 고 개선 방안 등을 토의하는 모임이었다. 이날의 회의는 2011년 9월에 가동이 종료되는 테바트론의 가동을 3년 더 연장하자는 제안서가 나 오고 처음 열린 회의였다. 미국 말고 다른 나라의 지지를 얻고자 이루 어진 모임이었다. 물론 말로만 지지하라는 게 아니었다. 실험이 연장될 경우 추가로 소요될 인력과 비용을 계속 내겠다고 일종의 약정을 해야 하는 자리였다.

일반적으로 CDF 소속의 각 나라들은 모두 테바트론의 연장 운용을 지지해 왔고 이번 연장 운영에 찬성을 표해 온 터라 위원회는 연구소 물리학 분야 부소장의 발표를 시작으로 순조롭게 진행되어 가고 있었다. 테바트론 가동 연장은 2월에는 결말이 날 것이라는 게 그의 발표 요지였다. 곧이어 CDF 대표인 로버트 로저(Robert Roser)의 발표가 이어졌다. 발표는 연장이 되어야 한다는 강한 메시지 속에 진행되고 있었는데 갑자기 문이 열리더니 비서가 들어와 쪽지를 건네고 나갔다.

쪽지의 내용은 미국 에너지부가 보낸 메시지를 담고 있었다. 예산상의 이유로 테바트론의 가동을 연장하지 않는다는 것이었다. 순간 회의장은 웅성거렸고, 로저의 발표는 더 이상 이어질 필요가 없어졌다. 무조건 연장하지 않겠다는 미국 정부의 방침이 전달되었기 때문이다. 회의는 이제 실험 종료를 앞둔 소회를 밝히는 것으로 끝을 맺었다. 필자도 물론 한마디 했다. 우선 종료가 결정되어서 슬프지만 한국 그룹이 CDF 실험을 통해 크게 성장했으므로 테바트론에 대해 자부심을 느끼며, 실험이 종료되더라도 향후 3년은 더 데이터 분석 등에 참여할 것이라고 말했다.

테바트론의 종료 소식에 LHC는 반색했다. LHC는 벌써 건설 과정에서 예정보다 몇 년을 더 까먹었고, 가까스로 작동을 시작했으므로 안팎으로부터 의미 있는 성과를 내야 한다는 압박을 받고 있었다. 더군다나 LHC가 그렇게 선전했던 힉스 입자의 발견에서도 아직 테바트론의 성과를 따라잡지 못하고 있었으므로, 더욱더 테바트론의 가동 연장이 불편했을 것이다. LHC의 실험 그룹인 CMS와 ATLAS에서도 이런 상태로는 2011년 말까지 원하는 데이터를 획득한다고 해도 테바트론의 힉스 입자 탐색 결과를 따라잡을 수 없다고 예측했다.

그러나 2010년 9월 말부터 LHC가 7테라전자볼트에서 안정적으로 작동하고 데이터가 기하급수적으로 늘어나는 것을 보여 주고 2011년을 맞이하자, LHC에 대한 기대는 긍정적인 것으로 바뀌기 시작했다. 사실 2011년 3월부터 재가동되기 시작된 LHC는 4개월 정도 만에 2010년 1년 동안 획득한 데이터 양의 25배의 데이터를 획득하게 된다. 실험 그룹들은 7월 중순까지 약 1인버스펨토반$^{(fb^{-1})}$의 데이터를 획득해 8월의 주요 학술 회의에 결과를 내놓게 되었다. 예상대로 결과는 이미 테바트론 실험 결과를 압도적으로 넘어서고 있었다.[17]

2011년 여름에 LHC의 양대 실험 그룹인 CMS와 ATLAS의 결과가 합해져 발표된다. 이때 이미 테바트론은 경쟁 상대가 되지 못했다. 테바트론 실험 결과가 변화가 없는 사이에 LHC는 141~476기가전자볼

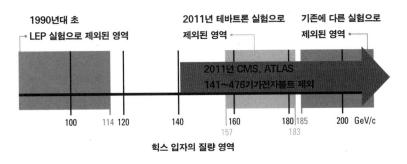

그림 2.8　2011년 여름에 LHC는 이미 테바트론 실험 결과를 훨씬 앞지르고 있었다.

그림 2.9 2011년 9월 30일 테바트론의 가동이 종료된 직후, CDF 실험 팀이 모여 찍은 단체 사진. 왼쪽 중앙쯤에서 필자도 손을 들고 있다.

트 영역까지를 모두 제외해 버린 것이다. 2010년까지만 해도 테바트론을 이용한 CDF와 D0 실험의 독점물이 되어 왔던 힉스 입자 탐색은 이제 LHC의 단독 무대가 되어 버린 것이다. 2011년 9월 30일, 테바트론의 가동이 종료되었다. 하지만 필자를 비롯해 많은 물리학자들과 우리나라를 포함해 세계 각국의 물리학 연구 기관들은 CMS 실험 그룹에 결합해 입자 사냥을 계속했다.

힉스 입자, 드디어 꼬리가 잡히다!

2011년 여름에 힉스 입자에 대한 최신의 실험 결과가 학술 회의를 통해 발표되고 있는 와중에도 LHC는 24시간 가동되며 데이터 획득을 계속하고 있었다. 7테라전자볼트 질량 중심 에너지[18]의 양성자와 양성자의 끊임없는 충돌을 통해 새로이 생성되는 수많은 입자들의 흔적이 최첨단 전자 계기를 거쳐 기록되고 있었다. 데이터 획득은 정확히 2011년 10월 마지막 날까지 계속되었다. 그때까지 획득한 데이터의 양은 여름까지 얻은 양의 3배를 넘어섰다. 더 많은 데이터는 당연히 물리 실험 결과의 정밀도를 높여 준다. 다른 모든 주요 물리 현상의 탐색과 함께 초미의 관심사인 힉스 입자의 탐색도 밤낮없이 진행되었다. 데이터 획득이 끝난 지 한 달도 채 지나지 않은 11월 중순이 되어 가자 힉스 입자를 발견한 것일 수도 있는 결과가 도출되기 시작했고 결과 검증을 위한 내부 심사가 시작되었다.

앞에서 설명한 것처럼 2011년 여름 발표를 통해 141기가전자볼트와 476기가전자볼트 사이의 질량 영역이 제외되었다. 3배 더 많은 데이터를 가지고 한 분석이 제외될 질량 영역을 더 넓힐 것은 명약관화했다. 심지어 모든 질량 영역에 대해 탐색해 버린 것일지도 몰랐다. 힉스 입자 사냥의 포위망이 더 좁혀진 셈이다.

당시 테바트론의 CDF 실험 그룹을 떠나 CMS 실험 그룹 멤버로 참여하고 있던 필자는 어떤 실험 결과가 나왔고, 내부 심사에서 어떤 평가를 받았는지 알고 있었지만, 밖으로는 한마디도 발설 못 하고 있었다. 그것은 CMS 실험 그룹의 내규 때문이었다. 그룹 내부 심사에서 결과가 인증되고 실험 그룹 이름으로 공식적으로 발표하기 전까지는 학술 회의 등을 통해서 발표를 할 수 없는 것이다. 11월 중순에 도출된 결과에 대한 함구령은 11월이 지나고 12월 중순이 되어도 해제되지 않았다. CMS 실험 멤버들이 함구로 일관하고 있던 즈음, 소문은 어느새 전 세계로 퍼져나갔다.

발 없는 말이 천리를 가는 법. 힉스 입자 발견의 소문은 블로그, 이메일, SNS 등을 통해 빛의 속도로 무섭게 지구 전체로 퍼져나갔다. 아무리 실험 그룹의 내규가 무섭다고 해도 인터넷 네트워크가 일상 생활 곳곳에 침투한 지금 블로그나 댓글, 게시판을 통해 퍼져나가는 입소문을 막을 수는 없었다. 그중에는 정확한 것도 있었으나 소문이 항상 그런 것처럼 꼬리와 머리를 구별할 수 없는 게 대부분이었다. 과장되거나 허무맹랑한 이야기도 돌아다녔다. 새로운 뉴스거리에 목말라 있던 전 세계의 각 언론 매체는 이러한 소문의 진위를 파악하고자 부산하게 움직였고 일부 성급한 기자는 소문만을 바탕으로 기사를 쓰기 시작했다.

2011년 12월 12일부터 12월 14일까지 일본에서 열리는 학회에서 CMS 실험 그룹의 실험 결과를 정리하는 기조 연설을 하기로 되어 있던 필자는 초조해지기 시작했다. 소문은 고삐 풀린 말처럼 부풀려지고 있는데, 실험 그룹 내규에 묶인 나는 허무맹랑한 소문을 한방에 날릴 새로운 결과를 발표하지 못하고 옛날(?) 결과를 발표할 수밖에 없을 것 같아 답답했다. 더구나 소문을 듣고 기대를 품고 있을 청중이나 이미 어느 정도 실제 연구 결과를 들은 일부 동료 학자들에게 낡은 결과를 알려 주는 데 대한 미안함도 들었다.

결국 CERN도 한없이 퍼져나가는 소문들을 감당할 수 없었는지, 12월 13일 오후 2시에 CERN에서 세미나 형식을 빌려 힉스 입자 탐색의 결과를 CMS와 ATLAS 그룹 각각 발표하기로 결정했다. 필자의 일본 학회 발표 일정도 거기에 맞춰 12일에서 마지막 날인 14일 첫 시간으로 조정되었다. 보통 학회 시작할 때 하는 기조 연설을 마지막 날에 하게 된 셈이다. 힉스 입자에 대한 새로운 결과 발표를 CERN의 발표 뒤로 미룬 것이다.

CERN의 공식 발표(기자 회견이 예정되어 있었다.) 일주일 전에도 CMS 실험 그룹은 이미 데이터 분석이 끝난 결과를 새로운 검출기 보정 계수를 이용해 다시 분석하며 결과를 계속 수정해 가고 있었다. 그만큼 중요한 발표였기 때문이다. 그로 인해 결과가 하루가 멀다 하고 조금씩 바뀌고 있었다. CERN에서의 기자 회견 후 약 6시간 후에 발표를 해야 했던 필자 역시 매일 업데이트되는 정보에 맞춰 발표 내용을 수정해야 했기 때문에 매일 저녁 노트북을 통해 새로운 정보를 확인해야 했다. 그것 때문에 다른 일을 전혀 할 수가 없었다. 공식적인 국제 학회를 통해서는 CMS 실험 그룹의 힉스 입자 탐색 결과를 전 세계에서 처음으로 발표하게 되는 셈이었기 때문에 필자에게 있어서도 정말 긴장되고 중요한 발표였다. 영광이었다.

12월 13일 오후 2시에 CERN은 힉스 입자 사냥의 최신 성과를 공개했다. 그 발표에 따르면 127~600기가전자볼트(CMS)의 질량 영역을 제외할 수 있게 되었다. 2011년 여름까지의 결과인 141~476기가전자볼트(CMS+ATLAS)에서 대폭 늘어난 셈이다. 그래프 가운데 있는 굵은 수평선 아래 영역을 모두 제외한 것이다. 그래프 왼쪽의 작은 영역이 수평선 위로 볼록 올라와 있음을 볼 수 있다. 이 영역은 이번 결과 발표에서 제외되지 않은 영역이었다. 힉스 입자가 있는 것으로 추정되는 영역으로 114~127기가전자볼트의 영역이다. 그 폭은 불과 13기가전자볼트밖에 되지 않는다. 과연 힉스 입자는 여기 숨어 있을까?

자, 이 영역을 좀 더 자세히 들여다보자. 그래프의 오른쪽 상단에 110~160기가전자볼트 영역의 그래프를 확대해 놓았다. 돌출한 부분 (동그라미 쳐져 있는 부분)이 보인다. 아마 힉스 입자는 여기 숨어 있을 것이다. 그리고 그 중심은 125기가전자볼트이다.

LHC 실험의 또 다른 실험 그룹인 ATLAS 실험 그룹도 같은 영역에서 같은 현상을 보았다고 발표했다. 아직 통계적으로는 부족하지만 이 영역에 힉스 입자가 있을 수도 있다는 게 CERN의 공식 발표였다. 이로써 힉스 입자가 존재할 것으로 추정되는 질량 영역은 114~127기가전자볼트 영역으로 좁혀졌다. 이 영역 안에 힉스 입자가 존재하거나 아니면 존재하지 않거나 할 것이다. 힉스 입자 사냥꾼들의 2011년은 반신반의 속에서 지나갔다.

5 시그마라는 벽!

2011년 LHC는 첫 실험으로서는 대단한 성과를 거두고 있었다. 7테

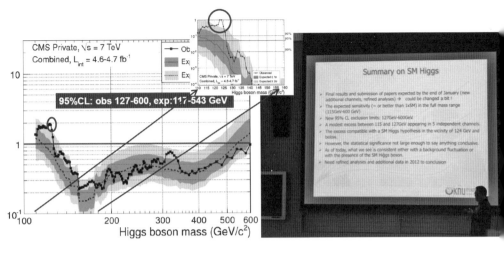

그림 2.10   2011년 12월 13일에 CMS 실험 그룹에 의해 발표된 힉스 입자 관련 결과 그래프. 질량 125기가전자볼트 근처 영역이 굵은 수평선 위로 올라와 있음을 알 수 있다. 바로 이 영역이 바로 힉스 입자가 숨어 있는 곳으로 추정되는 영역이었다. 그 중심은 125기가전자볼트이다. 다만 힉스 입자 발견으로 확신하기에는 데이터가 부족했다. 오른쪽 사진은 이 결과를 2011년 12월 14일 일본 오사카에서 열린 국제 학회를 통해 발표하고 있는 필자의 모습이다.

라전자볼트의 에너지에서 본래 기대했던 것보다 훨씬 많은 데이터를 획득했기 때문이다. 주요 물리 현상은 2012년 2월 말까지 논문으로 정리되어 제출되었다.

대단한 성과에 한층 고무되었지만 한편으로는 새로운 논쟁거리가 떠오르고 있었다. 2012년에도 기존의 7테라전자볼트의 에너지에서 계속 실험을 해 그 에너지 수준에서의 데이터를 추가적으로 획득하는 가, 아니면 가능한 한 에너지를 높여서 새롭게 데이터 획득을 하는가 하는 논란이 부각된 것이다. 2012년이 끝나면 LHC는 2013년부터 향후 2년 동안 가동을 하지 않는다는 문제가 있었기 때문이다. 그 기간 동안 설계 에너지인 14테라전자볼트로 올리기 위해 CERN은 LHC의 수천 개에 이르는 쌍극자 자석을 모두 교체하게 된다. 또 다른 문제는 주어진 에너지에서 데이터를 늘려 측정의 정밀도를 높이는 것에는 한계가 있다는 것이었다. 정밀도를 2배로 높이기 위해서는 데이터를 4배 더 획득해야 한다. 그것에 비해 에너지를 1테라전자볼트만 올려 8테라전자볼트에서 실험을 수행하는 것만으로도 정밀도를 3배 높일 수 있다. 즉 8테라전자볼트 에너지에서의 실험 효과는 7테라전자볼트 에너지에서 실험한 것의 9배의 데이터를 더 획득할 수 있다는 것이다. 그런 이유로 만약 가능하다면 에너지를 1테라전자볼트라도 올려 작동을 하는 게 바람직할 것이라는 목소리가 높아졌고 결국 받아들여졌다.

2012년 3월 말에 시작된 8테라전자볼트 에너지에서의 작동은 놀라우리만치 순조로웠다. 벌써 6월 중순에, 즉 3개월 만에 물리학자들이 얻은 데이터는 이미 2011년 1년 동안 획득한 양을 넘어서고 있었다. 에너지가 높아졌고 획득된 데이터의 양이 2011년과 비슷하므로 CMS 실험 그룹은 7월 초에 열릴 ICHEP(International Conference on High Energy Physics) 학술 회의에 반드시 발표해야 할 토픽으로 힉스 입자 탐색 채널을 포함해 중요 채널 21개를 150여 연구 주제 가운데 선정했다. CMS에서 이 21개 중요 채널을 연구하고 있는 실험 팀들은 6월 중순까지 약 3개월 동안 취한 데이터를 분석해 7월 초까지 결과를 보여 줘야만 하는 상황이 되어 버렸다. 2011년 데이터 분석을 끝내고 출판을 위한 논문 제출이 끝내자마자 7월 초 발표를 위해 관련 실험 팀들은 2012년에 획득한 데이터를 분석하고 결과를 발표하는 준비에 매달리며 바삐 움직이기 시작했다.

6월 초가 되자 CMS와 ATLAS 두 그룹 모두 산란 단면적이 3인버스펨토반$^{(fb^{-1})}$인 데이터를 획득하기 시작했다. 그것과 거의 동시에 입이 싼 사람들을 통해 소문이 밖으로 퍼지기 시작했다. 힉스가 발견되었다느니, 아직 발견은 아니라느니, 작년에 발표되었던 125기가전자볼트 영역이 후보에서 아예 제외되었다느니 운운. 과학 뉴스에 관심 있는 사람 모두를 궁금하게 만들기에 충분했다. 전 세계의 과학 기자들은 진위 파악에 주력했고 6월 중순이 되자 CERN은 발표의 형식, 기자 회견의 형식을 놓고 가부간의 결단을 해야 했다.

2012년 6월 20일, 매주 수요일에 열리는 CMS 전체 회의가 개최되었다. 이 회의에서 힉스 입자의 탐색 결과에 대해서는 아무런 구체적인 설명도 없이 7월 6일부터 오스트레일리아에서 열리는 ICHEP 학술 회의 전인 7월 4일에 CERN에서 힉스 입자에 대한 발표 및 기자 회견이 있을 것이라는 이야기가 나왔다. 소문이 너무 무성했기에 ICHEP 학술 회의 전에 공식적인 기자 회견을 한다는 것이었다. 이미 ICHEP 관계자들과 그 학회에 참여하는 CERN 연구자들에게 양해를 구했다고 했다. 발표까지 2주를 남겨둔 때였다.

기자 회견도 좋지만 가장 큰 이슈는 과연 뭐라고 언론에 공표하느냐는 것이었다. 통상 물리학적으로 '발견'이라고 할 수 있으려면 통계학적으로 발견이 아닐 확률이 100만분의 1 이하가 되어야 한다. 즉 5시그마$^{(5\sigma)}$ 이상이 되어야 한다. 이전에 발표된 CMS 실험 그룹의 결과는 5 시그마에는 미치지 못하지만 매우 가까운 4.9 시그마였다. 문제는 2011년 12월의 기자 회견 시 우리가 본 것이 힉스 입자가 아닐지도 모른다고 명시했음에도 이미 많은 언론이 발견이라고 보도를 했다는 것이었다. 5 시그마에 가까웠으나 4.9 시그마이므로 발견은 아니라고 해 본들 의미가 없으므로 발견이라고 공표하자는 내부 방침은 기자 회견 며칠 전에야 정해졌다.

공식적인 기자 회견 하루 전인 7월 3일 CMS에서 힉스 결과를 놓고 CMS 대표인 조 인칸델라 교수의 리허설 발표가 2시간 동안 이루어졌다. 이 리허설은 CERN의 원격 화상 회의 시스템인 EVO를 통해 이뤄졌는데, EVO 사상 처음으로 네트워크상으로 참석한 인원이 330명을 넘어섰다.

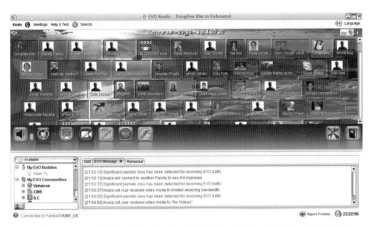

그림 2.11 힉스 입자 발견에 대한 CERN의 공식 기자 회견 전날인 7월 3일 CMS 대표인 인칸델라 교수의 리허설 발표의 CMS 내부 회의. CMS의 원격 화상 회의 사상 처음으로 참석 인원이 330명을 넘어섰다.

다음 날, 2012년 7월 4일 CERN의 주회의장에서 CERN 소장인 롤프 호이어, 조 인칸델라 등 CMS와 ATLAS 대표가 공동으로 새로운 입자의 '발견'을 선언했다. 이 장면은 전 세계에 인터넷 방송을 통해 생중계되었는데, 그 속에 CERN으로 초대된 힉스 메커니즘의 장본인인 피터 힉스가 연단 바로 앞에 자리를 차지하고 기자 회견을 지켜보고 있는 모습이 있었다.

그 날 CERN의 CMS 실험 팀과 ATLAS 실험 팀은 각각 독립적으로 발표했다. 두 실험 그룹이 독립적으로 실험했지만 같은 발견을 했다고 분명히 하기 위해서였다. 같이 LHC 링에서 연구를 하고, 똑같은 입자 뒤를 쫓고 있지만 실험 결과에 대해서는 논의는커녕 공유조차 하지 않는다. 이것은 새로운 입자가 발견되었을 때 그 결과의 신뢰성을 확보하기 위한 조치이다.

CMS와 ATLAS는 각각 125.3기가전자볼트와 126.5기가전자볼트의 질량으로 보손(스핀이 정수배인 입자)을 발견했고 발표했다. 힉스 입자 붕괴 형태 중 2개의 채널을 결합해 분석해 본 결과 발견된 이 보손이 힉스 입자가 아닐 확률이 100만분의 1 이하(5 시그마 이상)이라고 했다. 힉스 입자라고 단언하지 않기는 정말 어렵지만 힉스 입자라고 확언할 수는 없는 뭔가 새로운 입자가 확실히 발견된 것이다.

측정된 입자의 질량은 ATLAS가 126.0 ± 0.4(통계 오차)± 0.4(계통 오차)기가전자볼트였고 CMS가 125.3 ± 0.4(통계 오차)± 0.5(계통 오차)기가전자볼트로서 오차 내에 이 둘의 질량은 일치한다. 새로운 입자가 확실히 발견된 것이다. 다만 발견된 입자가 10여 년 넘게 찾고 있었던 힉스 입자인지 아닌지를 결론을 내리기에는 물리학적으로 뭔가 부족했다. 그래서 발견된 새로운 입자는 '힉스처럼 보이는 입자(Higgs-like particle)'라고 불리게 된다.

힉스 입자로 판명되다

2012년 7월에 공식적으로 발표된 새로이 발견된 입자는 적어도 표준 모형에서 이야기하는 힉스 보손과 관측되어진 입자와 일치하는 부분이 있다. 적어도 몇 개의 붕괴 형태는 일치하며 그들의 생성률과 갈래비[19]가 실험 오차 내에서 일치한다. 다른 한편으로 오차가 힉스라고 이야기하기에는 너무 크므로 다른 입자일 가능성을 부인할 수도 없다. 더 나아가 힉스라면 입자가 발견된 2개의 광자로 가는 채널과 2개의 Z 보손으로 붕괴하는 채널 외에 다른 붕괴 채널에서도 신호가 나온다는 정황이 있어야 하나 관측되지 않았고 확인을 위해서는 더 많은 데이터가 필요했다.

힉스 입자가 특정의 입자로 붕괴하는 채널마다 붕괴율이 다르므로 데이터의 양이 아직 적어 입자가 보이지 않은 것일 수도 있었고, 또 발견된 입자가 정말로 힉스 입자가 아니면 힉스 입자의 붕괴 채널을 따를 이유가 없으므로 다른 붕괴 채널에서 신호나 정황이 나타나지 않은 것일 수도 있었다. 대표적인 예가 힉스 입자가 2개의 타우온으로 붕괴하는 채널인데 2개의 광자로 붕괴하는 채널에서 입자를 보았으므로 이 채널에서도 입자를 볼 수 있어야 했지만 실험적으로 이 채널에

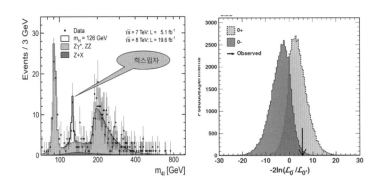

그림 2.12   발견된 힉스 입자(왼쪽). 아래 음영 부분은 다른 배경 사건들이다. 오른쪽
그래프는 발견된 입자의 스핀과 패리티가 스칼라 입자임을 보여 주는 것이다. 분포 곡선 중
왼쪽에 있는 것이 스핀이 0이고 패리티가 +인 경우의 가능한 값들의 분포인데 CMS 데이터는
6(화살표)을 가리키고 있다. ATLAS도 비슷한 결과를 도출하여 발견된 입자는 힉스 입자로
판명되었다.

서 존재한다는 증거가 전혀 없었다. 결국 더 많은 데이터를 통해 확인
을 해 보아야만 했다.

2012년 11월, 일본 교토에서 열린 2012년 강입자 충돌 물리학 심포
지엄(Hadron Collider Physics Symposium, HCP2012)에서 7월 이후 획득된 데이
터를 더해 분석한 결과가 발표되었다. 이 발표는 이번에 발견된 입자의
특성이 이론상의 힉스 보손과 더 많은 부분에서 일치한다는 것을 보
여 주었다. 특히 이 학회에서 주목할 만한 발표는 이번에 발견된 입자
가 스칼라 입자처럼 보인다는 것이었다. 표준 모형 이론에 따르면 힉스
보손은 스칼라 입자이므로 스핀이 0이고 패리티가 +(even)인데 그때
까지는 7월에 발표된 입자의 스핀과 패리티가 명확히 알려지지 않아
스칼라 입자인지 밝혀지지 않았다. 더 나아가 이 입자의 모든 물리적

성질을 살펴볼 때 표준 모형의 힉스 입자가 아니라는 결정적 증거는 거의 없는 것으로 판명되었다. 그러나 이 학회에서도 공식적으로 힉스 입자를 발견했다고 말하기에는 좀 무리가 있었다.

HCP2012에서 발표된 결과는 2012년 8테라전자볼트 에너지로 가동한 LHC에서 획득한 데이터 전체를 대상으로 분석해 얻은 것이 아니었다. 2012년 얻은 일부 데이터를 가지고 한 것이었다. 더 나아가 CMS 그룹의 경우 힉스 입자가 2개의 광자로 붕괴하는 채널에 대한 실험 데이터를 2012년 7월 이래 4배 넘게 획득했음에도 7월까지의 결과만 가지고 HCP2012에서 발표를 했다. 그것은 측정된 광자의 에너지 값을 보정하는 방법에 문제가 발견되었기 때문이다. 그러므로 전체 데이터에 대한 분석 결과가 나오고 데이터 보정 문제가 해결되기를 기다려야 했다.

새로운 결과는 2013년 3월에 열린 이탈리아 모리온드 학술 회의에서 발표되었는데 우선 8테라전자볼트 에너지 실험에서 획득한 데이터를 가능한 한 모두 사용해 얻은 결과를 보여 주었다. ATLAS와 CMS 실험의 결과는 힉스처럼 보이는 입자는 힉스 입자로 판명이 되는 쪽으로 더 기울었다. 게다가 두 실험 그룹은 모두 이 입자가 스핀이 없고 패리티가 +인 스칼라 입자라고 발표했다. 이것은 힉스처럼 보이는 입자가 힉스 입자라는 결정적인 증거였다. 더구나 에너지 검출기의 데이터 보정 문제로 연기되었던 CMS 실험 그룹의 힉스가 2개의 광자로 붕괴하는 채널에 대한 실험 결과가 8테라전자볼트 에너지 실험에서 획득된 데이터를 모두 적용한 분석을 바탕으로 발표되었다. 이것이 결정타

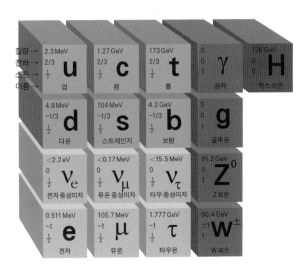

그림 2.13　표준 모형의 기본 입자 목록에 드디어 포함된 힉스 입자. 그들은 상호 작용에 직접 참여하는 쿼크와 경입자(스핀 1/2), 특정의 힘에 따라 상호 작용이 일어나도록 도와주는 매개 입자(스핀 1)와 이들의 질량의 근원을 설명해 주는 힉스 입자(스핀 0)이다.

였다. 2013년 3월 18일 CERN은 힉스 입자가 발견되었다고 공식적으로 발표한다. 역사가들은 이날을 힉스 입자 발견 발표일이라고 기록할 것이다.

이로써 표준 모형의 퍼즐이 빈틈 없이 맞춰졌다. 쿼크와 경입자 등의 기본 입자들과 이들의 상호 작용하도록 도와주는 광자와 게이지 보손 등의 힘 매개 입자들과 이 입자들이 질량을 가지게끔 도와주는 힉스 입자로 이루어진 자연 설명의 기본 틀 중 하나가 완성된 것이다. (그림 2.13 참조)

그림을 보면 알 수 있는 것처럼 우리는 이 입자들의 질량, 전하, 스핀의 값들을 알게 되었다. 왜 이런 값들을 갖고 있는지는 모르지만 말이다. 흥미로운 점은 이들의 스핀이다. 기본 입자의 스핀은 모두 1/2로서 페르미온(스핀이 반정수배인 입자)이고 매개 입자와 힉스 입자는 보손(스핀이 정수배인 입자)이다. 더 나아가 매개 입자의 스핀은 모두 1인 데 반해 힉스 입자의 스핀은 0이다. 오묘하다.

물리학자 군단이 동원된 힉스 입자 사냥

주지하다시피 힉스 입자의 탐색은 LHC 실험에서 가장 중요한 연구 프로젝트이다. 이것 말고도 LHC가 수행해야 하는 중요 실험 주제는 150여 가지나 된다. 힉스 입자 탐색이 이 모든 물리 현상들 중에서 가장 중요한 연구 과제라는 이야기는 결코 아니다. 다만 힉스 입자는 지난 10여 년 넘게 물리학계에서 가장 뜨거운 이슈 메이커였다. 그만큼 발견 가능성이 높았고, 초대형 연구 기관이라고 할 CERN이 LHC 건설의 당위성을 시민 사회에 홍보할 때 힉스 입자 탐색를 예로 들며 대대적으로 홍보했기 때문이다. 그런 만큼 CMS와 ATLAS 그룹은 힉스 입자 탐색을 특별 관리를 해 온 것도 사실이다.

힉스 입자 연구를 비롯해 중요 물리 현상의 결과는 데이터 획득이 끝나고 불과 몇 달 이내에 도출되곤 했다. 이것은 실험 그룹의 방침이기도 하지만 그 누구도 촉박한 시간에 대해 이의를 제기하는 분란도 없다. 그렇다고 그냥 컴퓨터나 돌려 마치 버튼 누르듯 해서 결과가 나오는 것은 당연히 불가능하다. 데이터 획득에서부터 온갖 분석의 작업은 우리가 이미 알고 있는 수백, 수천억 개의 배경 사건으로부터 새로운 입자로 여겨지는 고작 몇 개의 사건을 추려내야 하는 매우 어려운 일이다.

어느 물리 현상에 대한 연구를 하고 싶다고 별 다른 제약 없이 자유로이 연구 과제에 매달렸던 테바트론 실험까지의 시대는 이미 끝났다. 그룹의 인원이 수백 명에 이르렀던 테바트론 시대까지만 해도 몇몇 연구자들이 모여 어떤 토픽을 하겠다고 하면 연구 그룹을 결성하고 난 다음 시간이 얼마나 걸리든 상관없이 연구를 수행하면 되었다. 통상적으로 각 연구 과제에는 1년, 길게는 2년의 시간이 소요되곤 했다. 그러나 LHC 실험은 이 모든 것을 바꿔 놓았다. 아마 물리 실험의 문화를 아예 바꿔 버릴 것이다.

힉스 입자 발견에 대한 첫 번째 기자 회견은 2012년 7월 4일에 있었지만, 확정적 결과는 일주일 정도 전에 나와 있었다. 탐색에 적용된 데이터의 양은 6월 중순까지 획득한 것이었다. 데이터를 뽑고 두 주 후에 확정적인 결과가 나온 것이다. 이 어렵고 복잡한 연구의 결과가 어떻게 이렇게 빨리 도출될 수 있었을까?

답은 전문 인력의 수와 그들을 운영하는 조직에 있다. 힉스 입자의 탐색에 매달린 연구자의 수는 CMS와 ATLAS 그룹 각각 수백 명에 이른다. 힉스 입자가 각각 다른 입자로 붕괴하는 8개의 채널마다 또 연구 팀이 있는데 각 채널별로 수십 명에서 100여 명까지로 이루어진 연구 팀이 붙어 있다. 예를 들어 힉스 입자의 질량을 알아내는 데 있어 가장 중요한 채널인 광자 2개로 붕괴하는 채널과 Z 보손 2개로 붕괴하는 채널 연구에 참여하는 연구자는 각각 100명이 넘는다. 이 많은 사람들이 참여하는 연구의 노하우는 철저한 분업과 치밀한 협업을 촉진하는 조직과 시스템을 통해 축적되고 새로운 연구를 촉진한다. 기존의 연구 기관이나 몇몇 개인 연구자가 했다면 몇 년 또는 몇십 년 걸릴 연구가 몇 개월 안에 완성되는 것이다. LHC 실험은 물리학계에 힉스 입자 발견이라는 역사적 성과뿐만 아니라 초대형 연구 시스템이라는 새로운 연구 조직과 문화를 선물했다. 앞으로 물리학 연구는 LHC 가동 전으로 돌아가는 일은 없을 것이다.

양지가 있으면 음지가 있다고 했나. LHC는 물리학자들에게 긍정적인 선물만 준 게 아니다. 치열한 경쟁이라는 새로운 연구 문화도 선사했다. CMS와 ATLAS 그룹 같은 수천 명 규모의 실험 공동체는 연구 결과를 내기 위한 외부 실험 그룹과의 경쟁뿐만 아니라 실험 내부의 경쟁 또한 격화시켰다. 과거에는 페르미 연구소와 CERN이 경쟁했다면 이제는 LHC 실험 내부의 수천 명 연구자들이 내부의 다른 연구자들과 경쟁하는 극도의 내부 경쟁 시대가 시작되었다. 이러한 내부 경쟁은 결국 실험 역량이나 기타 능력이 있는 그룹만이 감당해 낼 수 있는 시간 싸움으로 치닫기 마련이고, 주어진 짧은 시간 내에 연구 결과를 도출할 수 있는 그룹만이 평가를 받게 된다.

이번 힉스 입자 탐색의 경우에 CMS 실험 대표가 지적했듯이 연구 결과를 도출해 내는 과정에서 핵심적 역할을 한 것은 전체 멤버 중 약 4분의 1이었다. 즉 총 3,000명 중에 700~800명의 연구자만이 유의미한 역할을 수행한 셈이다. 한 번 경쟁에서 뒤쳐지면 핵심적인 역할을 하는 그룹에 다시 들어가기가 매우 어려워진다. 바야흐로 입자 물리 학계에도 경쟁의 시대가 개막한 것이다.

2013년 노벨 물리학상의 뒷얘기

현대 물리학사의 한 단계를 마무리하고 물리학자들에게 대경쟁의 시대를 안긴 힉스 입자 발견 이야기를 다룬 이번 2장을 마무리하면서 힉스 입자 발견과 관련해서 주어진 2013년 노벨 물리학상 이야기를 해 볼까 한다. 물리학 연구의 새로운 시대와 옛 시대를 대비시켜 주는 좋은 예이기도 할 것이다. 물리학계의 연구 문화에 관심을 가진 독자 들의 생각거리 정도는 될 것이다.

2013년도 노벨 물리학상이 힉스 메커니즘을 제시한 사람들에게 돌 아갈 것이라는 데에는 의문의 여지가 없었지만 사실 여러 뒷이야기가 있다. 여러모로 2013년 노벨 물리학상은 독특한 면이 있다. 물론 필자 는 2013년도 노벨 물리학상의 가치를 폄훼하려는 것이 아니다.

힉스 메커니즘에 관한 이론을 제시한 이는 6명이다. 피터 힉스 한 명 의 단독 논문, 앙글레르와 브라우트의 공동 논문, 그리고 구랄니크, 하 겐 및 키블 3명의 공동 논문이 그것이다. 이 세 편의 논문은 모두 같은 해(1964년)에, 대략적으로 3개월 내에 발표된 독립적인 논문들이다. 즉 공헌도로 볼 때 이들 6명 모두가 수상해야 한다. 그러나 과학 분야 노 벨상의 규정은 세 명까지 수상하게 되어 있어 시기적으로 두 번째 논 문의 저자까지, 즉 힉스, 앙글레르와 브라우트에게 주기로 결정되었다. 결국 고인이 된 브라우트를 제외하고 두 사람이 상을 받았다.

사실 힉스 메커니즘은 이 여섯 사람이 발표하지 않았어도 분명히 당시 누군가가 발표했을 것이다. 즉 이 메커니즘이 발표되는 것은 필연이요 논문 출판 경쟁 측면에서 보자면 시간 싸움이었을 공산이 높다. 그만큼 당시의 이론 물리학 연구는 힉스 메커니즘을 낳을 만큼 무르익어 있었다. 이처럼 이론적 발견은 창의적 개인과 그 시대의 학문적 맥락의 공동 창작물이다. 물론 아인슈타인처럼 독보적인 발견을 내놓는 개인도 있고, 양자론처럼 한 세대의 천재 물리학자들이 모두 모여 만들어 내는 성과도 있다.

실험적 발견 역시 물리학사적으로 평가하기 대단히 어렵다. 창조적 개인이 있고, 학문적 성과가 무르익어 있다고 해도 연구비가 없거나, 기초 과학에 대한 대규모 투자를 시민들이 동의하지 않으면 수행조차 하지 못하는 경우가 많기 때문이다. 미국 초대형 초전도 충돌기(SSC)가 그랬고, 최근의 미국 항공 우주국(NASA)의 유인 우주 탐사 계획 축소도 그렇지 않은가?

게다가 현대 물리학의 거대 실험에는 한두 명이 아니라 수백 명, 크게는 수천 명이 참여한다. 그렇다면 이들의 공헌을 어떻게 평가할까? 노벨 물리학상이 처음 제정되었을 때 과학 연구가 이 정도로 거대해질지 상상한 사람은 아무도 없었다. 그래서 비록 공헌이 매우 클지라도 집단에게 노벨 물리학상을 주지는 않는다. 하지만 언젠가 물리학계는 이 문제에 대해 나름의 해결책을 찾아야 한다. 실제로 2013년 노벨상 발표가 1시간 넘게 지연된 것은 선정 위원회의 누군가가 CERN에도 노벨상이 주어져야 한다고 주장했기 때문이라고 하는 소문이 돌았다.

그리고 한 가지 더. 이 힉스 입자를 힉스 입자라고 불러 준 사람은 피터 힉스가 아니라는 사실이다. 지금이야 힉스 입자와 피터 힉스가 언론과 사회, 그리고 시민들의 주목을 받고 있지만 피터 힉스는 이 메커니즘을 설명한 논문을 발표한 1964년부터 1972년까지 시민 사회는 물론이고 물리학계의 주목조차 받지 못했다. 힉스의 이 메커니즘과 그 메커니즘의 일부인 스칼라 입자에 이름을 붙여 주어 시민권을 부여한 이는 따로 있다. 바로 고 이휘소 박사이다. 그가 1972년에 페르미 연구소에서 열린 국제 물리학회에서 이 스칼라 입자를 힉스 입자라고 부르면서 힉스 입자는 비로소 이름을 가지게 되었다. 그때까지 힉스는 1964년 문제의 논문을 낸 이후에는 논문을 몇 편 발표하지도 못한 그리 주목받지 못하는 연구자였다.

앞쪽 그림 설명: 어니스트 로런스가 발명한 최초의 입자 가속기, 사이클로트론. 지름은 10센티미터 정도, 제작비는 25달러 정도였다고 한다. 현대 LHC의 직계 조상이다.

물리학은 측정의 과학

물리학과 수학은 기초 과학의 근간이다. 이 두 분야는 인간이 자연에 대해 가지는 호기심의 최전선에 있다고 볼 수도 있다. 그러나 이러한 동질성 이면에 근본적인 이질성 또한 존재한다. 자연이 낸 문제를 푸는 방법론이 다르기 때문이다. 수학은 주어진 명제를 논리에 따라 증명하면 되지만 물리학은 논리적 완결성만으로는 부족하다. 반드시 측정을 통한 증명이 필요하다.

예를 들어보자. 현대 물리학의 중요한 과제 중 하나인 통일장 이론의 후보는 사실 여럿 있다. 통일장 이론은 오늘날 우주에 존재하는 여러 힘이 태초에는 하나였지만 시간이 지남에 따라 나뉜 것이라고 설명하는 이론이다. 복잡한 수학적 구조물이기도 하다. 그중에는 논리적 빈틈을 찾아볼 수 없을 정도로 수학적으로 엄밀한 것도 있다. 그처럼 포괄적 물리 현상들에 대해 수학적으로 엄밀한 이론이나 모형을 만드는 일이 매우 어려운 일인 것만큼은 틀림없다. 그 수학적 논리가 제아무리 엄밀하고 심지어 우아하기까지 하다고 해도 측정 결과 자연과 다르다면 물리학적으로 무의미한 이론에 불과하다. 비록 수학적 관점에서는 맞을지라도 말이다.

모든 것은 측정을 통해 검증되어야 한다. 실험을 통해 증명되어야만 하는 것이다. 1960년대 말부터 쏟아져 나온 통일장 이론의 수학적 모형들 중 95퍼센트 이상이 이미 버려졌다. 측정은, 실험은 물리학의 최종 심판관인 것이다.

측정의 출발점은 오차를 아는 것

경주 안압지에 가면 좀 특이하게 생긴 주사위가 전시되어 있다. 안압지를 발굴하는 과정에서 출토되었다고 전해지는데 보통 주사위와는 달리 십사면체이다. 십사면체는 면이 6개이고 꼭짓점이 모두 8개인 정육면체(보통의 주사위)의 각 꼭짓점 근처를 꼭짓점들과 맞닿아 있는 변의 길이가 절반이 될 때까지 깎은 것이다. 이렇게 하면 각각의 면이 삼각형과 사각형으로 이루어진 십사면체가 된다. 이 경우 사각형의 면적이 삼각형보다 커서 14개의 면 각각이 나올 확률이 달라진다. 신라 주사위는 각각의 면이 거의 모두 같은 확률로 나오도록 삼각형의 면적을 더 넓게 깎았다. 각각의 면에는 한자로 문구가 씌어져 있는데, 술자리

그림 3.1 신라 시대의 주사위. 술자리 여흥으로 벌칙을 주기 위한 도구로 쓰였는데,
이 주사위를 던져 나온 면의 지시 사항을 이행해야 했던 것 같다. 사진 정면의 문구는
일거삼잔(一去三盞)으로 주사위를 던져 이 면이 나온 사람은 술 석 잔을 한꺼번에 마셔야
한다는 뜻이다.

게임의 벌칙 같다. 이 주사위를 던지는 사람들은 모두 14분의 1의 확
률로 어떤 벌칙이든 해야 했을 것이다.

그럼 이번에는 간단히 육면체 주사위를 던졌을 때 각각의 숫자가
나올 확률을 살펴보자. 누구나 할 것 없이 모두 각 수자가 나올 확률
은 6분의 1로서 모두 같다고 대답할 것이다. 정말일까? 해 보지 않고
어떻게 아나? 그러나 주사위를 10번 또는 100번을 던져 각 숫자가 나
오는 빈도를 알아보면 각 숫자가 나오는 빈도가 서로 일치하지 않음을
알 수 있다. 물론 이 경우 좀 주의 깊은 사람이라면 10번보다는 100번
던진 경우 각 숫자의 빈도가 더 골고루 분포되어 있음을 알 수가 있다.
만약 100만 번 던진다면 각 숫자가 나오는 빈도는 거의 같아져 6분의
1에 가까워질 것이다.

주사위를 던져 보지도 않고 6분의 1이라는 결론 내리는 것은 정확

히 맞는 추측이다. 이것을 선험적 확률이라고 한다. 우리가 이 선험적 확률을 단번에 짐작할 수 있는 것은 주사위가 대칭적이고, 우리는 이 대칭성을 바로 이해할 수 있는 감각을 가지고 태어났기 때문이다. 이러한 선험적 확률은 사람들이 태곳적부터 자연에 질서가 있음을 깨닫고 있었음을 뜻하는 것일 수도 있다. 자연은 오묘한 규칙성에 따라 운행되며 그 변치 않는 규칙성은 자연 현상의 탐구에 일관성을 부여한다. 그러므로 새로운 발견은 항상 이미 발견된 현상을 포함하게 된다.

6분의 1이라는 선험적 확률을 증명하기 위해서는 10번만 던져 보아서는 안 된다. 100번보다는 1,000번, 1,000번보다는 1만 번 하는 식으로 던지는 횟수를 늘리면 늘릴수록 우리가 빈도 수로 측정하는 확률은 6분의 1에 더 가까이 다가간다. 이것은 우리가 실제로 주사위를 던지는 행동을 하고, 그 결과를 가지고 계산한 확률값에 오차(error)가 있다는 뜻이기도 하다. 결국 주사위를 던지는 횟수가 많아지면 많아질수록 오차는 줄어든다.

이렇듯 어떤 물리량을 측정하려고 할 때 측정하는 횟수를 늘리면 늘릴수록 그 오차는 작아진다. 이 오차는 던진 횟수 N의 제곱근에 반비례해 N이 커지면 커질수록 작아진다. 이것을 통계 오차(statistical error)라고 한다. 통계 오차를 줄여 어떤 측정값의 정확도를 높이기 위해서는 측정을 더 많이 해야 한다.

그러나 과학 실험에서는 측정의 횟수를 무한정 늘려도 오차가 줄어들지 않는 경우가 있다. 아니 실제로는 허다하다. 우리가 측정에 사용하는 도구나 장치에 결함이 있을 수 있기 때문이다.

예를 들어 자(ruler)로 길이 5센티미터 물체의 길이를 측정한다고 생각해 보자. 보통 일상 생활에서 쓰는 자는 1밀리미터 단위로 눈금이 표시되어 있다. 이 자를 가지고는 이 물체가 정확하게 50.5밀리미터인지 49.5밀리미터인지 측정할 수 없다. 게다가 비슷해 보이는 자라고 해도 어디서 어떻게 만들어졌는지에 따라 그 정확도가 천차만별일 수가 있다. 더구나 측정하는 사람에 따라 눈금을 보는 방식이 달라 같은 길이를 전혀 다르게 읽을 수 있다. 물론 이 물체의 길이를 여러 번 재면 잴수록 정확도는 높아지겠지만 그 정확도에는 한계가 있다. 이 측정 한계 또는 오차는 측정의 횟수와 관계없이 생기는 것으로 이것을 계통 오차(systematic error)라고 한다.

만약에 이 물체를 더 정확한 버니어 캘리퍼스(Vernier Calipers)로 잰다면 보통 자보다 100배 더 정확하게 잴 수가 있다. 즉 버니어 캘리퍼스의 계통 오차가 보통의 자의 1퍼센트라는 이야기이다. 계통 오차는 대개 기계적 결함 등으로 인해 생기기에 그 양이 변하지 않는다. 이것은 측정의 횟수를 늘린다고 줄어들거나 하지는 않는다.

거대한 가속기와 정밀한 측정기를 총동원해 극미의 세계를 탐구하는 현대 입자 물리학의 실험가들도 이 통계 오차와 계통 오차를 완전히 제거하지 못하고 있다. 충돌기에서 튀어나오는 입자들에 대해 측정한 물리량들은 반드시 오차를 가지고 있다. 이것을 아는 것이 측정의 기본이다. 그래서 실험 물리학자들은 통계 오차를 최소화할 최적의 실험 방법이 무엇인지, 분석 방법이 따로 없는지 연구하고, 관측 장비 등에서 기인하는 계통 오차를 최소화하기 위해 어떤 장치를 개량하고, 어떤 신기술을 도입할지 집요하게 연구하는 것이다.

불과 20년 전만 해도 입자 물리학 실험은 피코(pico) 수준의 측정에 매달렸다. 입자 충돌의 산란 단면적 등을 연구하는 물리학자들은 피코초(picosecond), 피코반(picobarn) 같은 단위계에서 놀았다. 피코는 10^{-12}이라는 의미이다. 그러나 LHC 실험은 이것을 펨토(femto) 수준으로 끌어올렸다. 펨토는 10^{-15}을 의미하므로 모든 측정이 20년 전에 비해 1,000배 더 정밀해진 것이다. 예를 들어 테바트론에서 톱 쿼크를 발견했을 때 그 산란 단면적은 피코 수준의 단위계로 기술되었다. 그러나 힉스 입자의 산란 단면적은 일반적으로 펨토 수준의 단위계로 기술되고 있다.

볼 수 없는 것을 보는 물리학

물리학에서 측정은 언제나 최종 심판관이다. 그러나 측정할 수 없다고 해서 존재하지 않는 것은 아니다. 단순히 측정 대상으로 인식되지 못해서, 측정 기술이 없어서 측정하지 않거나 측정하지 못하는 존재가 자연에는 무수히 많기 때문이다. 물론 꼭 이렇다고 단정할 수는 없다. 왜냐하면 우리가 측정해 알게 되었다고 믿는 자연이라는 게 과연 자연 그 자체이냐 하는 인식론적, 존재론적 논쟁거리는 측정만으로 해결할 수 없기 때문이다.

어떤 철학자들은 과학 기술의 발전에 따라 자연에 대한 우리의 지식이 보다 넓어지고 깊어진 것은 분명한 사실이나 그만큼 우리가 모르는 것도 더 커지고 더 멀어지기 때문에 과학으로는 궁극적인 자연 그 자체, 또는 존재 그 자체에 도달할 수 없다고 주장한다. 우리는 끝없는 앎과 모름의 무한한 쳇바퀴 속에 갇혀 있다는 것이다. 그러나 생명의 역사에서 이루어진 지능의 진화, 그리고 문명 이후 가속화된 인간 지식의 진보를 보면 우리가 궁극적 자연 그 자체에 도달할 수 없으며 앎과 모름의 무한한 쳇바퀴에 갇혀 있다는 주장은 설득력을 잃는 것 같다. 이들은 측정이 가진 그 가능성 자체를 부정한다.

한편으로는 측정을 너무 중시해 측정할 수 없는 것은 존재하지 않는다고 생각한 사람들도 있다. 19세기 후반 에른스트 마하(Ernst Mach)를 위시한 실증주의 과학자들과 철학자들이 그들이다. 그들은 원자의 존재를 의심했다. 당시에는 원자를 실험적으로 관측하거나 원자의 물리량을 측정하는 게 기술적으로 불가능했다. 실험 물리학자로서 이론을 믿지 않았던 마흐는 당시 빠르게 발달하던 분광학에서 원자(또는 분자)의 존재를 암시하는 증거들이 속출하고 있는 상황에도 불구하고, 감각적 경험을 중시해 눈으로 볼 수 없는 것은, 다시 말해 측정할 수 없는 것은 과학적 대상이 아니라고 단정지었다. 그의 실증주의 사상은 원자와 분자의 발견을 통해 물리학에서는 완전히 배격되었으나 후에 논리 실증주의 철학에 큰 영향을 끼쳤다.

눈에 보이지 않는다고 우리가 측정할 수 없는 것은 아니다. 원자의 실제 크기가 통상 0.1~0.2나노미터(~10^{-8}센티미터)이므로 눈으로는 확인할 수 없을지라도(최근에는 전자 현미경 기술의 발전으로 원자를 눈으로 볼 수 있게 되었다. 심지어 그 원자를 가지고 그림을 그리거나 동영상을 만들기도 한다.) 그 안에 무엇이 있는지는 알 수 있다. 간단하다. 두드려 보면 된다. 원자를 두드려 깨뜨리거나 어떻게 움직이면 그 안에 무엇이 있는지, 원자가 어떤 성질을 가지고 있는지 알 수 있다.

원자를 두들겨 그 구조와 성질을 알기 위해서는 원자를 두들기는 물체의 크기가 원자만 하거나 그것보다 작아야 한다. 농구공을 당구공으로 때리는 경우를 상상하면 된다. 만약 당구공의 질량과 속도, 그리고 당구공에 맞아 튕겨나가는 농구공의 속도를 알 수 있으면, 농구공의 질량을 알 수 있고, 두 공이 서로 튕겨나가는 모양을 보고 두 공의 탄성 같은 물리적 성질을 짐작할 수 있다. 그러므로 너무 작아 눈으로 볼 수 없는 원자라고 할지라도 이것을 때릴 수 있는 입자를 만들어낼 수 있다면 충돌 반응에서 나오는 결과들을 측정할 수 있고 눈으로 볼 수 없는 원자의 구조와 성질을 나타내는 물리량을 측정할 수 있다.

이 아이디어를 실천에 옮긴 것이 물리학 역사상 가장 중요한 실험 중 하나이다. 20세기 초에 영국을 중심으로 활약한 어니스트 러더퍼드(Ernest Rutherford, 1871~1937년)가 원자의 내부 구조를 알아내는 데 사용한 실험이 바로 그것이다.

당시에는 이미 원자가 하부 구조를 가지고 있을 거라는 간접적인 실험 결과가 나온 다음이었다. 그러나 정확히 어떤 구조를 갖고 있는지는 알려지지 않았다. 러더퍼드는 알파 붕괴에서 나온 알파 입자를 금 원자 표적에 충돌시켜 여기서 나오는 반응을 측정함으로써 원자의 내부 구조를 규명해 냈다.

그림 3.2에서 보는 바와 같이 알파 입자를 방출하는 방사성 물질 앞

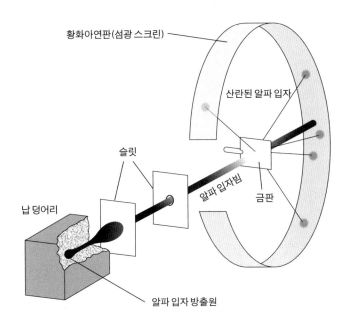

황화아연판(섬광 스크린)

산란된 알파 입자

슬릿

납 덩어리

알파 입자빔

금판

알파 입자 방출원

그림 3.2 러더퍼드의 산란 실험.

에 구멍이 뚫린 납판을 배치하여 알파 입자의 빔을 얻었다. 러더퍼드는 이 빔을 매우 얇은 금박에 충돌시켰다. 그리고 금박 주위에는 형광판을 두고 금박 표적을 통과한 알파 입자나 금박 표적에 반사된 알파 입자가 형광판에 닿으면 빛이 생기도록 했다. 러더퍼드는 형광판에 생기는 빛을 관측함으로써 알파 입자와 금박 표적 사이에서 일어나는 반응의 정도를 알아내려고 했다.

만약 빔이 투과된 방향에서 형광판에 반응이 일어나면 이것은 알파 입자가 금박 표적과 반응하지 않고 그냥 통과한 것으로 해석할 수 있다. 그러나 만약 형광판의 다른 방향에서 알파 입자가 관측되면 알파 입자가 금박 안에 있는 금 원자와 부딪혀 튕겨 나온 것으로 간주할 수 있다.

대부분의 경우[20] 알파 입자는 금박 표적을 통과한 것으로 관측되었다. 그러나 드물지만 입사 방향과 매우 큰 각을 이루며 튕겨나오는 알파 입자도 관측되었다. 또 보다 드물기는 하지만 분명히 입사 방향과 정반대 방향으로 튕겨나오는 알파 입자도 관측되었다. 이것은 양전하를 띤 알파 입자가 양전하를 띤 물질을 만나 서로 강하게 반발한 결과라고 해석할 수가 있다.

러더퍼드는 금박을 그냥 통과하는 알파 입자들과 정반대 방향으로 튕겨나오는 알파 입자들을 측정해서 금박 안의 원자들이 양전하를 띤 물체가 특정 지점에 매우 작게 뭉쳐 있고 그 주위는 텅 비어 있는 형국을 이루고 있다면 이 실험 결과를 이해할 수 있다는 결론에 도달했다. 다시 말해 원자는 한가운데 양전하를 띤 아주 작은 물질이 있고, 주위는 텅 비어 있으며, 가장자리에 전자가 있는 구조를 이루고 있다는 것이다.

러더퍼드는 이렇게 실험과 측정을 통해서 볼 수 없는 것의 구조를 밝혀냈고, 다른 과학자들이 존재하지 않는다고 생각하던 것의 존재를 증명했다. 그의 발견은 현대의 원자 모형으로 발전했으며 입자 물리학의 출발점이 되었다. 보이지 않는다고 없는 것은 아니다. 그리고 측정할 수 없는 것은 더욱더 아니다.

기본 입자를 검출한다는 것

원래 원자를 뜻하는 atom이라는 말은 그리스 어에서 온 것으로 더 이상 쪼갤 수 없는 기본 입자라는 뜻이다. 그러나 이제 우리는 원자가 더 작은 기본 입자들로 이루어져 있음을 안다. 오늘날까지 발견된 기본 입자는 모두 36개 정도이다. 상호 작용에 직접 참여하는 기본 입자인 페르미온이 모두 12개, 질량이나 스핀 같은 것은 모두 같지만 전하만 반대인 그 반입자가 12개, 그리고 이 입자들의 상호 작용을 도와주는 매개 입자인 보손이 모두 12개 존재한다.

여기까지가 우리의 표준 모형이 제시해 주는 자연의 기본 구성 요소이다. 표준 모형은 우리가 자연에 대해서 알고 있는 것을 참 많이 설명해 준다. 그러나 결코 완벽하지는 않다. 자연에는 여태껏 발견되지 않은 새로운 입자가 있을 수도 있고, 우리가 모르는 새로운 현상이 존재할 수도 있기 때문이다.

그렇다고는 해도 표준 모형은 우리가 입자를 연구하고, 새로운 현상을 탐구할 때 좋은 가이드가 되어 준다. 입자들 사이에 일어나는 반응들을 이해하려면 그 반응에 참여하는 기본 입자의 성질이나 물리량을 꼭 알아야 하기 때문이다. 표준 모형은 이 부분에 있어 많은 도움을 준다.

양자 역학의 원리에 따라 일어나는 기본 입자의 반응은 다른 입자로 변하는 것으로 귀결된다. 입자 물리학 실험에서 생성되는 대부분의 입자들은 수명이 짧고 불안정해 순식간에 상대적으로 보다 수명이

길고 안정한 입자로 변한다. 일반적으로 이러한 과정은 상대적으로 매우 안정되어 다른 입자로 변하지 않는 입자가 될 때까지 반복된다. 다시 말해 어떠한 반응이라도 그 끝은 상대적으로 안정된 입자로 변하는 것이다.

이렇게 모든 입자 반응의 종착역이 되는 안정한 기본 입자는 사실 몇 개 되지 않는다. 더 이상 쪼갤 수 없는 물질의 궁극적인 기본 구성 단위일지라도 모두 안정된 입자는 아니라는 것이다. 모든 입자 반응의 귀결로 남는 안정된 입자가 몇 개 되지 않는다는 것은 사실 실험 물리학자들의 입장에서 행운일지도 모른다. 어떤 물리 현상을 관측하고 연구할 때 이 몇 개의 입자를 중심으로 물리량을 측정하면 되기 때문이다.

기본 입자 중에 이러한 성질을 가진 안정된 입자란 수명이 무한대인 전자, 다른 기본 입자에 비해 수명이 비교적 긴 뮤온, 그리고 쿼크들과 빛(광자)뿐이다. 입자의 충돌 현상을 관측하는 실험 물리학자들은 이 기본 입자들을 수많은 입자들의 다발 속에서 골라내야 할 뿐만이 아니라 이들이 가진 에너지, 운동량, 위치 같은 물리량도 알아내야 한다.

이것을 위해서 생성된 입자를 무언가와 반응하게 만들어 그 패턴으로 구별한다. 그 무엇인가는 바로 물질이다. 생성된 입자가 물질을 통과할 때, 물질 내의 원자와 반응해 그 흔적을 남기는 것이다. 다행스럽게도 우리가 관측하려 하는 대상 입자들은 이들이 물질과 반응할 때 제각각 다르게 반응해 구별할 수가 있는데 이것은 입자들의 물리적 특성에서 기인한다.

우선 광자를 제외하고 모두 전기를 띠고 있다. 그러므로 전기를 갖느냐, 아니냐의 차이로 입자를 구별할 수 있다. 전기를 띠었는지, 안 띠었는지는 입자를 자기장에 넣어 보면 된다. 자기장 속으로 입자가 입사되면 전기를 띤 입자들은 궤적이 휘고 전기적으로 중성인 입자는 영향을 받지 않는다. 더 나아가 경입자와 쿼크는 물질과 반응할 때 전혀 다른 반응을 보인다. 전자와 뮤온은 경입자로서 전자기력에 의해 물질과 반응하며 쿼크는 강력에 의해 물질과 반응하는데 두 반응은 사뭇 다르다.

전자기력에 반응하고 경입자라는 같은 카테고리에 속하는 전자와 뮤온 역시 물질 내에서 매우 다르게 반응한다. 경입자가 물질 내의 원자와 반응하는 빈도는 반응하는 경입자 질량의 4제곱에 반비례한다. 그러므로 뮤온보다 질량이 약 200배 정도 작은 전자는 뮤온에 비하

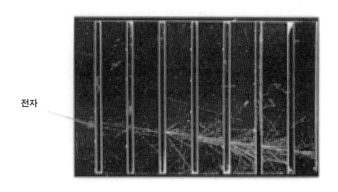

그림 3.3 높은 에너지의 전자가 물질 내에서 샤워 모양 궤적을 일으키는 모양. 궁극적으로 전자는 물질의 원자와 반응하여 에너지를 모두 잃고 정지한다.

여 물질과 매우 세게 반응한다. 세다는 의미는 반응의 정도가 커서 물질 내로 들어간 입자가 그 에너지를 다 잃어버릴 때까지 물질 내의 원자와 반응한다는 뜻이다. 그에 비해 반응의 정도가 전자에 비해 1억 배 정도 작은 뮤온은 물질 내의 원자와 미약하게 반응한다. 그 흔적만 희미하게 남기고 물질을 빠져나간다. 물질로 입사되는 뮤온은 전자가 물질 내에서 정지할 때까지 모든 에너지를 잃는 것에 비해 주위의 원자를 이온화시키는 만큼만 에너지를 잃고 물질을 빠져나간다.

광자는 전자기력을 매개하는 입자이므로 물질 내에 입사되면 전자와 비슷한 반응을 보인다. 그러나 광자는 전기를 띠고 있지 않기 때문에 자기장의 영향을 받지 않아 궤적을 남기지 않는다. 이 점이 전자와 구별된다.

쿼크들은 물질과 강력에 의한 상호 작용을 한다. 강력에 의한 상호 작용은 전자기력에 의한 상호 작용과 비교할 때 그 성질이 매우 다르다. 물질 내에서 원자와 반응하는 과정이 전자가 물질 내에서 겪는 것보다 매우 깊고 크다. 쿼크는 에너지를 잃는 과정에서 강력에 의한 강입자 샤워(hadronic shower)를 일으키고 같은 에너지를 가진 전자보다 5~6배 거리를 더 가서야 에너지를 모두 잃는다. 쿼크들이 물질 내의 원자들과 반응할 때 궤적의 다발로 나타나게 되는데 이것을 제트라 한다. 그러므로 샤워의 깊이와 크기가 전자와 매우 다르므로 강입자의 제트를 구별할 수 있다.

36개의 기본 입자는 서로 조합해 수많은 현상을 일으킨다. 그러나 우리는 이 4개의 입자가 어떻게 움직이는지를 보면 그 현상을 얼추 알

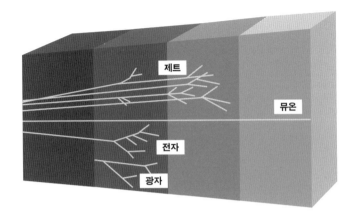

그림 3.4 입자 검출기의 기본 원리. 광자를 제외한 다른 입자들은 전기를 띠고 있어 맨 앞 물질에서 궤적을 남긴다. 뮤온은 물질 내에서 강한 샤워를 일으키지 않고 흔적만 남기는 데 반해 전자와 광자는 에너지를 잃을 때까지 물질과 반응하여 샤워를 일으킨다. 쿼크는 제트의 형태로 가로 방향으로 매우 깊고 큰 샤워를 일으킨다.

수 있다. 이렇게 가장 안정된 기본 입자의 수가 몇 개로 제한되는 것이 과연 우연일까? 얼핏 보기에 이 4개의 입자 조합만으로 모든 입자 현상을 설명할 수 있을까 하는 의문이 들 수도 있다. 하지만 이 입자들은 어떤 현상이 일어날 때 반복적으로 출현해 경우의 수를 끝없이 늘린다. 우리는 검출기에 잡힌 이 4개의 입자가 만들어 내는 수많은 조합을 분석해 입자들이 충돌할 때 어떤 일이 일어나는지 알아냈다. 그리고 여기에는 매우 복잡한 과정[21]이 숨어 있다.

가속기라는 측정의 도구

우리가 우주의 비밀을 이해하기 위해서는 측정 도구가 필요하다. 물론 여러 가지 측정 도구가 존재하지만 입자 물리학자들이 일반적으로 가장 많이 쓰는 효율적인 도구는 가속기(accelerator)라는 장치이다. 가속기는 입자를 다발의 형태로 만들어 가속시킨 다음 원하는 에너지의 빔을 만들어 내는 장치이다. 가속기가 없었다면 현대 입자 물리학의 성과는 상상할 수도 없었을 것이다.

가속기는 전기장을 이용해 입자를 가속시키고, 자기장을 이용해 입자들을 집속시키거나 빔의 위치 등을 조정한다. 말은 간단하다. 그러나 입자를 만들어 가속시키고 빔을 조종해 충돌시키는 일은 최첨단 기술과 고액의 연구 개발비가 필요한 일이다. 그래서 가속기는 주로 선진국에서 만들어 왔다. 그러나 최근 의학이나 공학, 그리고 산업 분야에서 가속기를 사용할 일이 점점 늘어나고 있다.

가속기는 그 생김새에 따라 원형 가속기와 선형 가속기로 크게 대별되는데, 전자는 입자 빔을 원형 고리를 반복적으로 돌게 하여 가속함으로써 에너지를 높이는 것이고, 후자는 생성된 입자 빔이 선형 라인의 끝까지 도달하면서 가속되어 에너지를 얻는 것이다.

얼핏 보기에 원형 링을 계속적으로 돌리며 에너지를 높이는 원형 가속기 쪽이 에너지를 얻는 데 훨씬 유리하다고 생각될지도 모른다. 그러나 이것은 가속시키는 입자의 종류에 따라 달라진다. 서로 장단점이 있기 때문에 원형과 선형 가속기는 필요에 따라 서로 상호보완적으로 공존하는 가속기이다.

가속시키는 입자는 원리적으로 여러 가지가 있을 수 있으나 가장 많이 활용되는 입자로서 양성자와 전자가 있다. 수소 기체를 가열하면 양성자와 전자가 분리되어 있는 상태(이것을 플라스마 상태라고 한다.)를 만들 수 있다. 여기에 전극을 걸어 주면 양성자와 전자는 서로 다른 전극에 몰리게 되어 양성자와 전자를 각각 따로 쉽게 분리해 낼 수 있다. 이 따로 분리된 양성자, 전자 각각을 가속기에 집어넣어 필요한 에너지로 가속시키게 된다.

입자가 가속될 때 복사(radiation, 빛)를 방출한다. 즉 가속을 하면 할수록 빛이 더 많이 방출되는데 빛이 방출되는 양은 가속시키는 입자 질량의 4제곱에 반비례한다. 그러므로 상대적으로 질량이 가벼운 입자는 무거운 입자보다 가속 시 빛을 더 많이 방출하게 되므로 에너지를 더 많이 잃게 된다. 에너지를 잃어버린 만큼 가속력이 떨어지므로 에너지를 더 얻는 것이 어려워진다. 이 현상은 원운동의 경우 매우 심각해지는데 원운동 자체가 가속 운동이기 때문이다. 전자는 양성자에 비해 약 2,000배 가볍기 때문에 전자를 원형 가속기에서 가속시키는 경우 양성자를 가속시킬 때에 비해 엄청나게 많은 에너지를 잃게 된다. 그래서 고에너지 전자 빔을 얻고자 할 때 원형 가속기는 잘 사용하지 않는다. 그러므로 일반적으로 매우 높은 에너지의 빔을 얻고자 하는 경우, 원형 가속기에서는 양성자를, 선형 가속기에서는 전자를 빔으로 활용한다.

힉스 입자 발견처럼 새로운 물리 현상을 탐색할 때에는 에너지가 높

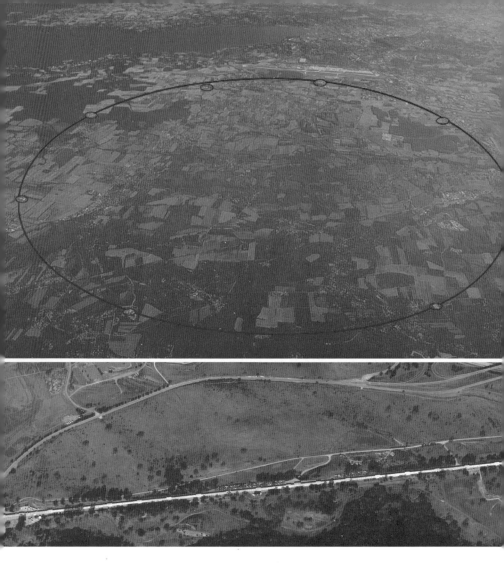

그림 3.5　전 세계 대형 가속기 시설. 왼쪽 위에서부터 시계 방향으로 유럽 제네바에 있는 CERN의 LHC(둘레 27킬로미터), 미국 시카고 인근에 있는 페르미 연구소의 테바트론(둘레 6.4킬로미터), 그리고 미국 캘리포니아에 있는 스탠퍼드 선형 가속기(길이 3킬로미터)이다.

으면 높을수록 용이해지므로 전자에 비해 상대적으로 높은 에너지를 얻는 데 유리한 양성자 빔을 가속하는 원형 가속기를 주로 이용한다. 그러나 양성자와 같은 무거운 입자를 쓰면 전자와 같은 가벼운 입자를 빔으로 쓸 경우에 비해 단점이 존재한다. 같은 가속기에서 2개의 다른 빔을 서로 다른 방향으로 가속시켜 원하는 에너지를 얻은 후에 두 빔을 충돌시키는 이른바 충돌형 가속기(collider, 충돌기)의 경우 충돌 시 실제로 충돌에 쓰이는 에너지의 측면에서 양성자 빔과 전자 빔은 현격한 차이를 보인다.

전자의 경우 더 이상 쪼갤 수 없는 기본 입자이므로 가지고 있는 에너지 전부가 충돌에 쓰인다. 반면에 양성자는 기본 입자가 아니고 3개의 쿼크로 이루어져 있기 때문에 충돌 시에는 양성자 내부의 쿼크 등이 나누어 갖고 있는 에너지의 일부만이 충돌에 쓰인다.[23] 양성자와 양성자 충돌 시 실제로 반응에 참여하는 것은 보통 각 양성자 안에 있는 1개의 쿼크이다. 일반적으로 양성자가 가진 에너지의 약 10퍼센트 정도만 충돌에 실제로 쓰인다고 보면 된다.

이렇듯 양성자는 전자에 비해 에너지를 높이기 쉽지만 그 모든 에너지가 실험에 사용되지 않고 버려진다. 그러나 전자는 높은 에너지를 얻기 어려운 반면에 가진 에너지가 모두 실험에 사용된다. 이렇게 각각 나름의 장단점을 가지고 있기 때문에 실험 물리학자들은 실험에 따라, 상황에 따라 원형 가속기뿐만이 아니라 선형 가속기도 즐겨 사용하는 것이다.

가속기의 기본 원리

가속기의 원리는 원형이든 선형이든 그 형태에 관계없이 같다. 기본적으로 가속기는 전기장을 걸어 주어 입자 빔을 가속하는 라디오 주파수 공동(Radiofrequency cavity, RF cavity)과, 입자 빔이 움직이는 공간인 진공 상태의 빔 파이프와, 빔을 상하좌우로 움직이고 빔을 집중시키거나 하는 데 쓰이는 각종 자기장을 만들고 조절하는 장치들로 구성되어 있다.

입자 빔의 재료가 되는 양성자나 전자는 앞에서 설명한 것처럼 수소 기체를 가열하면 만들 수 있다. 이 양성자와 전자를 각각 전극에 따로 모아 전자 빔 또는 양성자 빔을 얻는다. 이때 만들어진 입자 빔 안에는 수조 개에 이르는 양성자나 전자가 모이게 된다.

이렇게 만든 입자 빔을 라디오 주파수 공동 안에 입사시켜 일정한 간극을 지날 때 전기장을 걸어 주어 빔이 에너지를 얻어 가속된다. 이를 반복하여 주면 입자 빔은 점점 더 큰 가속력을 얻게 되어 더 큰 에너지를 얻게 된다.

빔의 방향을 제어하는 데에는 쌍극자(dipole) 자석을 사용하고, 빔속의 입자들을 모으거나 퍼지게 하는 데에는 사극자(quadrupole) 자석을 사용한다. 자석을 빛을 모으거나 흩는 렌즈처럼 사용할 수 있는 것이다.

얻고자 하는 에너지가 크면 클수록 가속기의 크기도 비례해 커지고 여기에 사용되는 기계와 장치도 당연히 많아진다. 가속기와 똑같은 원리를 이용한 기계를 우리는 일상 생활 속에서 쉽게 볼 수 있다. (최근에는 오히려 쉽게 볼 수 없는 물건일지도 모르겠다.) 텔레비전 브라운관이 그것이다. 브라운관의 전자총은 캐소드와 애노드를 통해 가속된 전자 빔을 방출하고 쌍극자 자석이 이 전자 빔의 진행 방향을 전후좌우로 조정한다. 위치 조정된 전자는 형광 화면에 주사되어 영상을 만들어 낸다.

입자의 검출

입자 물리학에서 검출기를 통해 물리 현상을 밝혀내는 일은 고고학자들이 하는 일과 매우 흡사하다. 고고학자들은 수천만 년 전에 이미 사멸된 공룡의 화석을 찾아내어 그 공룡의 종류, 습성 등을 밝혀낸다. 심지어는 화석의 부분 또는 발자국만을 보고도 그 크기, 길이, 깊이, 전체 형태 등을 추정하고 그 공룡이 어떤 종이었는지를 알아내기도 한다. 입자 물리학자들이 측정하는 것도 이것과 크게 다르지 않다. 산발적으로 흩어진 부분적인 정보에서 시작하여 어떤 물리 현상의 전반적인 그림을 그려 냄으로써 그 물리 현상의 본질을 알아낸다.

원하는 에너지에 도달한 입자 빔은 충돌형 가속기의 경우 각각 반대 방향으로 움직이고 있다가 지정된 지점에서 충돌하게 된다. 이 충돌 지점을 원점으로 검출기가 둘러싸고 있어 충돌 후 일어나는 각종 물리 현상을 잡아내어 기록한다.

충돌한 입자들은 급격히 다른 입자로 변하는데 이 패턴들은 특정 물리 현상에 따라 다르다. 그러므로 패턴들을 구별해 내 어떤 물리 현상이 일어났는지 알아내는 것이 매우 중요하다. 입자의 충돌로 생성된 입자들의 패턴을 알아내기 위해서 입자의 속도, 질량 및 전기 등을 바탕으로 입자를 구별해 내게 된다. 그러므로 검출기는 이 물리량들을 알아내도록 제작된다.

입자 검출기는 비록 어느 물리 현상을 보려 하느냐에 따라 약간씩 다르기는 해도, 생성된 입자의 형태와 성질을 알아내기 위해 여러 개의 부분 검출기의 조합으로 이루어져 있다. 입자가 지나간 경로를 알아내는 궤적 측정기와 생성된 입자를 물질 내에서 멈추게 하여 그 입자의 에너지를 알아내는 에너지 측정기 및 다양한 기법을 이용해 입자의 형태를 구별하는 검출기들로 구성되어 있다.

입자의 운동량 검출

입자의 구별을 용이하게 하기 위해 오늘날 검출기에 자기장을 포함시키는 것은 필수적 요소가 되었다. 생성된 입자가 특정의 에너지를 갖고 방출되면 이 입자는 당연히 직선으로 나가겠지만 만일 이 입자가 전기를 띠고 있다면 자기장 속에서는 그 경로가 휘게 된다. 즉 자기력에 의해 하전 입자가 원을 그리게 된다. 이때 입자가 그리는 원의 반지름을 알아내면 그 입자의 운동량을 알아낼 수 있다. 운동량이 크면 클수록 입자는 더 큰 원을 그리게 되어 있다. 보통 운동량이 매우 큰 입자는 입자가 그리는 원이 너무 크기 때문에 검출기 내에서는 거의 직선 경로를 따라 나아간다. 그리고 운동량이 아주 작은 입자는 검출기 안에서 원을 그리며 사라진다.

입자의 궤적은 충돌 후 생성된 하전 입자가 검출기를 통과하면서 남긴 흔적을 재구성하여 알 수 있다. 비행기구름을 보고 높은 하늘 위로 비행기가 날아가고 있는 것을 알 수 있는 것과 마찬가지 이치이다.

이와 유사하게 하전 입자가 궤적 검출기를 통과할 때에는 주위의 물질 (기체, 액체 또는 고체 상태의 물질이다.) 내의 원자와 반응을 일으켜 흔적을 남긴다. 검출기는 이것을 전기 신호로 바꾸어 하전 입자가 출현했음을 우리에게 알려준다. 컴퓨터는 수집된 전기 신호를 재구성해 궤적의 형태로 스크린 위에 출력해 보여 준다. 이때 그 궤적의 곡률(휘어진 정도를 나타내는 양으로 반지름의 역수이다.)로부터 그 입자의 운동량을 계산할 수 있다.

대부분의 하전 입자는 앞에서 설명한 궤적 검출기만으로도 그 운동량을 측정할 수 있다. 그러나 하전 입자 중에 뮤온만큼은 특별한 궤적 검출기가 필요하다. 그것은 뮤온 입자가 물질과 상호 작용하는 방식이 독특하기 때문이다. 다른 하전 입자들이 물질과 크게 상호 작용하여 물질 내에서 에너지를 다 잃어버리는 반면에 뮤온은 물질 내 원자와 상호 작용을 상대적으로 강하게 하지 않고 흔적만을 남기고 검

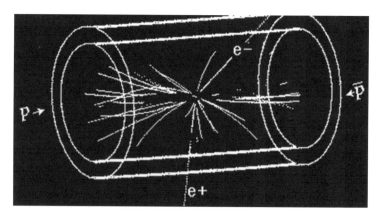

그림 3.6　자석의 자기장에 의해 전기를 띤 입자들은 전기 부호에 따라 서로 반대 방향으로 휘게 된다. 운동량이 큰 입자는 작게 휜다. 즉 더 큰 원을 그린다.

출기를 통과해 지나간다.

그러므로 뮤온의 생성을 확인하기 위해서는 뮤온 탐지기를 검출기 맨 바깥쪽에 따로 더 설치해야 한다. 보통 검출기의 맨 바깥쪽에 설치되는 이 뮤온 궤적 검출기를 뮤온 체임버(muon chamber)라고 한다.

입자의 에너지 검출

우리는 자기장을 이용해 충돌 실험에서 방출되는 하전 입자의 운동량을 측정할 수 있다. 그렇다면 전하를 띠지 않은 입자는 그 운동량을 어떻게 측정할 수 있을까? 그러나 하전 입자이든 아니든 입자의 에너지는 측정이 가능하다. 이 일을 하는 장치가 바로 에너지 검출기(calorimeter)이다. 이 장치는 물질 내에 입사된 입자들이 그 안의 원자들과 상호 작용하여 모든 에너지를 다 잃고 정지하도록 해서 입사된 입자의 에너지를 알아낸다. 에너지 검출기는 전형적으로 입사된 입자가 될 수 있으면 짧은 길이의 여행 후에 에너지를 모두 잃어버릴 수 있도록 밀도가 큰 납이나 철, 텅스텐 같은 물질과 신호를 발생시킬 수 있는 섬광판, 액체 아르곤 등의 연속적인 판으로 구성되어 있다. 만약 신호를 발생시킬 수 있는 물질의 밀도가 충분히 크면 연속적 판 구조가 필요 없어지기도 한다.

에너지 검출기는 생성 입자가 무엇이냐에 따라 전자기 에너지 검출기(electromagnetic calorimeter)와 강입자 에너지 검출기(hadronic calorimeter)로 나뉜다. 전자 같은 경입자는 물질 내의 원자와 전자기력으로 상호 작용하여 샤워를 일으키면서 물질 내에서 에너지를 잃어버린다. 반면에 양성자같이 쿼크를 갖고 있는 강입자는 물질 내의 원자와 강력으로 상호 작용하여 강입자 샤워를 일으킨다. 전자기 샤워에 비해 그 크기와 깊이가 몇 배 크다. 따라서 둘을 구별하기 위해서 두 종류의 에너지 검출기를 설치하게 된다. 에너지 검출기는 먼저 전자기 에너지 검출기가 설치되고 그 바로 위에 강입자 에너지 검출기가 설치된다. 규모는 당연히 강입자 검출기가 5배 이상 크다. 에너지 검출기는 뮤온을 제외한 모든 입자를 정지시킬 수 있다.

실린더형 검출기

충돌 실험에 사용되는 검출기는 보통 앞에서 이야기한 운동량 검출기와 에너지 검출기 들을 조합해 만든다. 어떤 입자를 충돌시키느냐에 관계없이 검출기들의 구조는 일반적으로 비슷하다.

검출기는 빔의 충돌이 일어나는 빔 파이프를 실린더 모양으로 둘러싸고 있다. 궤적 검출기가 가장 안쪽에 설치되어 있고, 그것을 전자기 에너지 검출기가 둘러싸고 있으며, 다시 그 위를 강입자 에너지 검출기가 둘러싼다. 그리고 맨 바깥쪽에 뮤온 검출기가 설치된다. 구체적으로는 조금씩 다를지라도 검출기의 구조는 기본적으로 동일하다. 또 이러한 검출기는 충돌에서 일어나는 거의 모든 현상을 검출해 낼 수 있기 때문에 몇 가지 물리 현상만을 추적하기 위해 만들어진 특별한 검출기들과 구분해 일반 목적 검출기(general purposed detector)라고 한다.

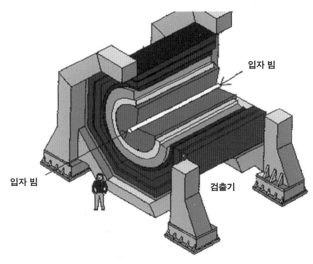

그림 3.7　빔 파이프를 감싸고 있는 실린더형 검출기.

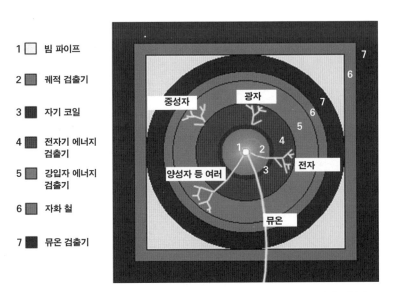

1 ☐ 빔 파이프

2 ▨ 궤적 검출기

3 ▦ 자기 코일

4 ▦ 전자기 에너지
　검출기

5 ▨ 강입자 에너지
　검출기

6 ▨ 자화 철

7 ▦ 뮤온 검출기

그림 3.8　실린더형의 검출기 단면도. 중심에 입자 빔이 지나가는 빔 파이프가 있다. 실험에
따라 다를 수 있으나 각 검출기의 기본 위치와 배열은 변하지 않는다.

검출기의 기본 목적은 충돌 실험에서 생성되는 입자들을 구별하고 그 입자들의 에너지, 위치, 운동량 같은 물리량을 알아내는 것이다. 이 물리량들을 알아내거나 기술하려면 좌표계가 설정되어야 한다. 그래서 검출기에서는 충돌 지점을 원점으로 한 원통 좌표계가 사용된다. (실린더가 누워 있는 형태라 보면 된다.) 대개 그 좌표는 (z, θ, φ)로 표시되는데, z 방향은 빔 파이프의 방향으로의 높이이고, φ는 빔 파이프 방향과 수직인 면에서의 각도이고, θ는 특정 각 φ에서 빔 파이프 방향으로 몇 도 올라가 있는가를 나타내는 각도다. 모든 입자들의 운동량과 에너지 등의 정보는 이 위치 값과 함께 기록된다.

쿼크 사냥의 역사

1960년 대 초에 쿼크의 존재가 처음으로 제안된 이래 1970년대는 참 쿼크와 보텀 쿼크가 발견되었으며 비슷한 시기에 무거운 경입자인 타우 입자가 발견되었다. 1980년대에는 약력의 매개 입자들이 발견되었다. 마지막 쿼크인 톱 쿼크는 1990년대에 발견되어 30년 만에 표준 모형의 기본 입자들은 모두 알려졌다. 그리고 2012년 힉스 입자의 발견이 확정됨으로써 표준 모형은 완성되었다. 앞에서 설명한 가속기들과 관련 기술들은 그동안 진행된 입자 사냥의 중요한 도구들이었고, 입자 사냥 과정에서 끊임없이 개량되면 발전해 현재에 이르게 되었다. 3장을 마무리하면서 쿼크 발견의 역사를 중심으로 입자 사냥의 역사를 잠시 살펴보자.

1960년대 초까지만 해도 기본 입자로는 전자, 뮤온, 이 입자들에 대응되는 중성미자와 같은 경입자가 알려져 있었다. 이즈음에 벌써 강력에 반응하는 강입자가 모두 100종 넘게 발견되어 있었다. 처음에는 이들이 기본 입자라고 생각하는 이들도 있었지만, 세상 만물을 이루는 기본 입자라고 하기에는 너무 많다는 의구심이 물리학자들 사이에서 퍼져나가기 시작했다.

이 강입자들은 기본 입자가 아니며, 쿼크로 구성되어 있다고 미국의 머리 겔만(Murray Gell-Mann) 등이 1963년에 제안했다. 그들은 그때까지 발견된 모든 강입자들이 업(up, u), 다운(down, d), 스트레인지(strange, s)라는 3개의 쿼크 조합으로 이루어져 있다고 주장했고, 이를 증명했다. 이로써 당시까지 확인된 기본 입자는 4개의 경입자와 3개의 쿼크가 되었다.

전자와 뮤온은 각각 그들의 중성미자를 갖고 있으므로 전자와 전자 중성미자를 한 족(family)으로 하고 뮤온과 뮤온 중성미자를 또 다른 한 족으로 분류하는 것이 자연스럽다. 쿼크 또한 업 쿼크와 다운 쿼크를 같은 족으로 하고 스트레인지 쿼크와 아직 발견되지 않은 쿼크를 다른 한 족으로 두면 자연스럽다. 자연에 4개의 경입자가 있다면, 자연의 대칭성에 의해 쿼크도 4개일 것이라는 주장이 대두되고 있을 무렵 네 번째 쿼크가 발견되었다.

1974년 미국의 버튼 리히터(Burton Richter)와 샘 팅(Samuel Ting)은 각각 스탠퍼드 선형 가속기의 전자-양전자 충돌과 브룩헤이븐 가속기의 양성자를 표적에 때리는 실험을 통해 3.1기가전자볼트 영역에서 입자를 발견했다. (리히터와 팅은 참 쿼크의 발견의 공적으로 1976년 노벨 물리학상을 받았다.) 이 입자는 새로운 쿼크인 참(charm, c) 쿼크로 구성되어 있었고 이로써 경입자와 쿼크 간의 관계가 서로 대칭적으로 족을 이룰 것이라는 주장이 확인되었다.

전자와 전자 중성미자, 업 쿼크와 다운 쿼크가 대비되어 이를 1세대라 하고 뮤온과 뮤온 중성미자, 참 쿼크와 스트레인지 쿼크가 또 다른 족을 형성하여 2세대를 이룬다. 연이어 1975년에 마틴 펄(Martin Lewis Perl)이 이끄는 실험 팀이 스탠퍼드 선형 가속기를 이용해 새로운 경입자인 타우(τ) 입자를 발견했다. 타우 입자의 발견으로 1995년 노벨 물리학상을 수상했다. 이 발견으로 말미암아 경입자에 3세대가 존재함이 실험으로 확인되어 쿼크 족에서도 제3세대의 존재는 확실시되었는데 1977년 다섯 번째 쿼크인 보텀(bottom, b) 쿼크가 리언 레이더먼(Leon Lederman)이 이끄는 팀에 의해 페르미 연구소에서 발견되었다.[24]

보텀 쿼크의 발견은 당연히 보텀 쿼크의 대응자인 새로운 쿼크를 찾으려는 노력으로 이어졌다. 많은 물리학자들은 늦어도 1980년대 초까지는 보텀 쿼크의 짝을 발견할 수 있을 것으로 믿었다. 그 이유는 우연의 일치일지는 몰라도 여태까지 발견된 쿼크들의 질량에 규칙이 있는 것처럼 보였기 때문이다. 업 쿼크와 다운 쿼크의 질량은 약 0.3기가 전자볼트로서 비슷하고 그다음으로 무거운 스트레인지 쿼크는 약 0.5 기가전자볼트, 참 쿼크와 보텀 쿼크의 질량은 1.5와 4.7기가전자볼트 정도이다. 특이할 만한 것은 쿼크들의 질량이 스트레인지 쿼크부터 약 3배씩 커진다는 것이다. 그로부터 발견되지 않은 마지막 쿼크인 톱 쿼

업 쿼크	참 쿼크	톱 쿼크
0.3	1.5	?
업 쿼크	스트레인지 쿼크	보텀 쿼크
0.3	0.5	4.7

표 3.1 쿼크의 질량. 스트레인지 쿼크부터 참 및 보텀 쿼크 순으로 질량이 약 3배씩 증가함을
알 수 있다.

크의 질량은 보텀 쿼크 질량의 3배인 약 15기가전자볼트가 아닐까 하
는 추측이 가능하다. 만약에 질량이 15기가전자볼트 정도면 당시의
가속기는 이 정도의 에너지는 가능했으므로 톱 쿼크는 발견되었을 것
이다. 그러나 10년 넘게 입자는 전혀 발견되지 않았다.

일본의 고에너지 물리학 연구소는 톱 쿼크를 발견하기 위해
TRISTAN[25]이라는 가속기를 건설하여 전자와 양전자를 충돌시켰으
나 찾지 못하고, 톱 쿼크가 존재한다면 질량이 28기가전자볼트보다
는 클 것이라는 결론을 내렸다. 그 후 CERN의 560기가전자볼트의 양
성자-반양성자 충돌기를 이용한 탐색에서도 톱 쿼크는 발견되지 않
았다. 대신에 질량의 하한선이 커져 41기가전자볼트로 발표되었다. 얼
마 후 이 가속기를 이용한 계속적 탐색으로 하한선은 69기가전자볼
트로 커졌다.

톱 쿼크 사냥이 계속되고 있던 당시, 한편에서는 약력 매개 입자인
$W^{\pm}$와 Z^0 보손의 탐색도 한창 진행되고 있었다. 이들은 질량이 수십
기가전자볼트로서 매우 무거울 것이라고 추정되었다. 물론 강력을 매
개하는 글루온도 실험적으로 확인되어야 했다.

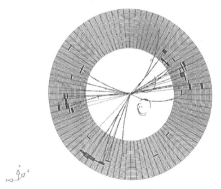

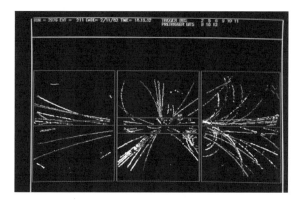

그림 3.9 위의 그림은 PETRA 가속기 이용 실험에서 관측된 3개의 제트로 글루온의 존재를
확인시켜 준 최초의 관측 증거이다. 그리고 아래의 그림은 사상 처음으로 관측된 첫 번째 W
보손의 붕괴 화면이다.

먼저 강력 매개 입자인 글루온이 존재한다는 강력한 증거는 1979
년에 독일 가속기 연구소(DESY)의 전자-양전자 충돌기(PETRA)를 이용
한 실험 그룹에 의해 관측되었다. 만약 글루온이 존재한다면 두개의
제트가 아닌 3개의 제트가 생성될 수 있는데 3개의 제트가 생성되는

것을 포착한 것이다. 약력의 매개 입자는 그 뒤에 발견되었는데 1983년에 CERN의 양성자-반양성자 충돌기를 이용한 UA1과 UA2 실험 그룹이 약력 매개 입자인 $W^\pm$와 Z^0 입자를 발견하기에 이른다. [26]

마지막 톱 쿼크의 발견

1980년대 말에 가동되기 시작한 페르미 연구소의 테바트론은 질량 중심 에너지가 1.8테라전자볼트로서 당시 CERN이 사용하던 가속기보다 에너지가 약 3배 높았다. 그러므로 테바트론을 이용한 실험은 기존의 가속기가 하지 못한 톱 쿼크의 새로운 질량 영역을 탐색할 수 있었다.

1992년에 CDF 실험 그룹은 톱 쿼크 질량 890억 전자볼트의 하한선을 발표했다. 그로부터 3년 후 CDF와 D0 실험 그룹은 각고의 노력 끝에 1995년 톱 쿼크를 공식적으로 발견하게 된다. [27] 톱 쿼크의 질량은 약 173기가전자볼트로서 매우 무거워 그 누구도 질량이 이렇게 크리라고는 상상하지 못했다. 톱 쿼크 발견으로 사실상 표준 모형의 기본 틀인 기본 입자들은 매개 입자를 포함하여 모두 발견되었다.

비록 기본 입자가 모두 확인되어 표준 모형이 입자의 상호 작용을 매우 잘 묘사한다고 말할 수 있을지라도 경입자와 쿼크 등의 질량에 대해 직접적으로 설명하지는 못한다. 그러나 기본 입자가 질량을 어떻게 갖게 되는지의 과정을 설명할 수 있는 메커니즘은 존재한다. 바로 힉스 메커니즘이다. 기본 입자의 질량은 이 입자가 힉스 입자와 얼마

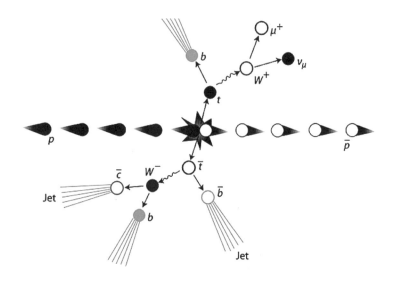

그림 3.10　양성자-반양성자의 충돌을 통해 생성된 톱 쿼크의 도식도. 톱 쿼크와 반톱 쿼크의 쌍은 순식간에 W 보손과 보텀 쿼크로 붕괴하고, W 보손은 다시 경입자와 쿼크들로 붕괴하게 된다.

나 강하게 상호 작용하느냐에 달려 있다. 예를 들어 전자는 힉스 입자와 매우 약하게 상호 작용하므로 매우 작은 질량을 갖고 있는 데 반해 쿼크는 더 강하게 상호 작용해 훨씬 더 큰 질량을 갖는 것이다. 물질이 질량을 얻는 방법을 제공하는 힉스 입자는 표준 모형이 맞다면 분명히 존재해야 하므로 발견되어야 했다.

　1995년 톱 쿼크가 발견된 이래 17년 만에 드디어 힉스 입자가 인류에게 모습을 드러냈다.

4장
바벨탑의 사회학

물리학의 진보는 혁명인가 진화인가?

과학사 학자이자 과학 철학자인 토머스 쿤(Thomas Kuhn)은『과학 혁명의 구조』에서 20세기 초반 현대 물리학의 탄생에 기여한 영악한 물리학자들의 천재적 창의력으로부터 과학은 혁명적으로 발전하여 왔다고 주장한다. 물론 인류가 처음으로 우주라는 극대의 세계와 원자 이하의 극미의 세계를 아우를 수 있는 기반을 마련해 준 현대 물리학의 성과는 매우 크다. 더 나아가 20세기 초의 비교적 짧은 기간에 완성된 두 학문은 가히 혁명적이라 해도 과언은 아니다. 그러나 양자 역학과 상대성 이론의 유도 과정을 보면 현대 물리학이 단순히 혁명적으로 발전해 왔다는 데는 반론의 여지가 있을 수도 있다.

현대 물리학의 특수 및 일반 상대성 이론은 고전적인 뉴턴의 운동론에 비해 그 유도 과정이 기존의 상식과 인식을 크게 뛰어넘고 있어 대단히 파격적이다. 상대성 이론은 인류 역사상 가장 독보적인 두뇌를 가진 한 사람의 천재 물리학자에 의해 창출되었다. 알베르트 아인슈타인은 그 놀라운 직관을 통해 상대성 이론의 법칙을 만들어 냈으며, 고도의 수학과 과학 지식을 사용해 이를 정식화했다.

아인슈타인은 우주를 설명하는 새로운 관점을 구축한다는 절대로 쉽지 않은 과업을 거의 혼자서 해냈고, 바로 이 성과 위에 현대 물리학과 새로운 과학 체계가 구축되었다. 이것은 인류의 우주에 대한 이해를 한 단계 끌어올린 혁명, 그 자체이다. 그 놀라운 혁명의 성과는 어느 날 갑자기 인류에게 던져진 것처럼 보인다.

상대성 이론이 아인슈타인 한 사람의 독보적 성취라고 한다면, 양자론은 30년 넘게 여러 학자들이 협력하며 집단적으로 정립해 낸 이론이다. 우리는 양자론 정립 이후 비로소 원자 이하의 세계에 숨어 있던 입자들과 힘들을 찾아내 연구할 수 있게 되었고, 원자 속의 극미 세계에서 엄청나게 방대한 지식과 발견의 가능성, 그리고 에너지를 퍼올리고 있다.

상대성 이론과 양자 역학의 정립 과정이 극단적으로 다름에도 불구하고, 물리학의 혁신이라는 관점에서 보자면 둘의 혁명성은 다르지 않다. 인류는 상대성 이론과 양자 역학 덕분에 불과 30여 년 만에 인류가 하늘을 올려다보며 별의 운행을 좇고 그 뒤의 법칙을 탐색하기 시작했을 때부터 수천 년간 쌓아 온 지식보다 더 방대하고 더 심오한 지식 체계를 구축할 수 있게 되었다. 우리는 우주를 좀 더 잘 이해할 수 있게 해 주는 상대성 이론과 양자 역학이라는 좋은 도구 덕분에 삼라만상을 이루는 궁극적인 단위가 무엇인지 더 잘, 더 가까이 알 수 있게 되었다. 그리고 자연의 이해에서 도약할 수 있게 되었다.

상대성 이론과 양자 역학이 이룩한 과학 혁명은 갈릴레오, 케플러, 뉴턴의 시대에 이루어진 물리학과 천문학 분야에서의 혁명에 비견할 만하다. 1,000년 이상 맞는 것으로 받아들여졌던 아리스토텔레스의 운동학이 어느 날 갑자기 뉴턴 역학으로 대체된 것이 좋은 예이다.

각고의 노력으로 역사적으로 전례가 없는 방대한 천문 자료를 쌓아올린 튀코 브라헤, 브라헤의 방대한 관측 자료를 뒤지며 행성 운행의 세 가지 법칙을 밝혀낸 요하네스 케플러 등 여러 세대에 걸친 과학자들의 노력이 뉴턴의 만유인력의 법칙으로 완벽하게 설명되면서 근세 과학 혁명이 완결되었다.

뉴턴의 혁명은 놀라운 것이었다. 그의 만유인력 법칙과 그가 개발한 수학적 도구들을 이용하면 브라헤와 케플러가 최소 두 세대에 걸쳐 만들어 내야 했던 행성 운동의 법칙도 불과 며칠 만에, 아니 불과 몇 시간 만에 유도해 낼 수 있었고, 수천 년간 천문학자들과 점성술사들이 아무리 궁리해도 알 수 없었던 수많은 천체들의 움직임을 간단하게, 그리고 정확하게 예측할 수 있게 되었다. 태양과 행성과 지구, 그리고 그 지구 표면에 있는 사과 모두 중력이라는 하나의 힘으로 그 운동을 설명할 수 있다는 단순한 진리를 뉴턴은 잡아냈던 것이다.

갈릴레오, 케플러, 뉴턴의 시대에 시작된 혁명은 이후 수많은 사람들의 손에 의해 조금씩, 때로는 천천히, 때로는 급격히 완성되어 나갔다. 뉴턴이 제시한 단순한 운동 법칙을 출발점 삼아 그 후 200여 년 동안 수많은 물리학자와 수학자 들이 뉴턴 역학을 정련하고 발전시켜 나갔다. 그리고 그 성과들을 모두 이어서 아인슈타인 그의 상대성 이론과 그의 장 방정식으로 새로운 혁명을 일으킨 것이다.

아인슈타인 혁명 이후에도 같은 일이 벌어지고 있다. 수많은 물리학자들이 지금 이 순간에도 아인슈타인의 방정식을 이용해 수많은 논문을 쏟아내고 있다. 이것은 양자 역학 분야에서도 마찬가지이다. 양자 역학 또한 진보를 거듭하여 오늘날 물질 세계의 근본을 이해하는데 핵심 요소가 되고 있다.

상대성 이론과 양자 역학의 혁명 이후 딱 100년이 지났다. 그러나지금도 두 이론을 기둥으로 한 현대 물리학은 쉬지 않고 진화하고 있다. 아마 이 진화는 언젠가 뉴턴이나 아인슈타인이 해냈던 독보적 성과를 이룰 천재적 혁명아를 탄생시킬 것이다. 그리고 바로 그 시점에서 새로운 혁명과 진화의 역사가 시작될 것이다.

물리학의 역사를 통틀어 혁명과 진화는 언제나 반복되어 왔다. 특정인이 자연 현상의 많은 부분을 포괄적으로 설명할 수 있는 법칙을 만들어 혁명적 진보가 시작되고, 이 법칙을 기반으로 수많은 사람이 자연에 대한 이해를 심화시키면서 물리학의 진화가 일어난다. 이 혁명과 진화의 반복은 어쩌면 인지의 지평을 넓히는 과학 발전의 근본적 구조요 틀일지도 모른다.

그러나 현대 물리학을 포함한 현대 과학은 단 한 사람에서 시작된혁명, 수많은 추종자들에 의한 진화만으로 설명할 수 없는 단계에 도달했을지도 모른다. 과학이 자연을 더 깊이, 더 미세하게, 그리고 더 광대하게, 더 포괄적으로 이해하게 되면서 과학의 도구, 과학의 방법론, 과학의 환경, 그리고 과학의 주체 들이 단 한 사람의 천재적 혁명아가 어쩔 수 없을 정도로 거대해졌기 때문이다. 과학 곳곳에서 무수히 많은 천재가 과학사적으로는 작은 한 걸음이지만 그 분야에서는 발군의 업적을 창출해 나가고 있고, 그 거대한 집단적 노력이 실질적인 현대 과학 발전의 원동력이기 때문이다.

20세기에는 너무 많은 변화가 있었다. 우리는 우리 과학자들이 쌓아올린 이 거대한 바벨탑을 제대로 돌아볼 필요가 있는 시점에 와 있는 것이다.

거대 과학의 등장

1995년 미국의 페르미 연구소의 테바트론을 이용해 CDF와 D0 실험 그룹은 톱 쿼크를 발견했다. 이 톱 쿼크 발견은 획기적인 사건이었다. 물질을 이루는 더 이상 쪼갤 수 없는 궁극적 단위인 기본 입자들 가운데 거의 마지막으로 발견된 입자이기 때문이다.[28] 인류가 밝혀낸 기본 입자 세계의 기묘한 연결 구조를 이루는 마지막 퍼즐을 맞춘 물리학적으로 정말 중요한 사건이었다.

그런데 이 중요한 발견은 한두 명의 천재가 아닌, 수백 명 과학자들의 공동 연구로 이루어진 것이다. 이것은 20세기의 과학 발전이 20세기 초반까지의 과학 발전과 질적으로 달라졌음을 보여 주는 좋은 예일지도 모른다. 러더퍼드 같은 소수의 천재들이 원자핵을 발견해 양자 혁명의 도화선을 놓던 시대와는 과학 발전의 구조와 틀이 달라졌다는 것이다.

18세기 산업 혁명과 19세기 유럽의 자연 과학 발전은 인간이 가진 지식의 양을 폭발적으로 늘어나게 만들었다. 거의 모든 분야에서 새로운 지식이 창출되었으며 이러한 경향은 20세기에도 계속 이어졌다. 우리가 아는 것이 늘어남에 따라, 그리고 우리가 알아야 할 것이 더 많아짐에 따라 더 큰 장비, 더 성능 좋은 장비, 더 비싼 장비가 필요해졌고, 이를 운용할 연구자들 역시 더 많이 필요해졌다. 이것은 특히 20세기 후반 들어 두드러지게 나타나는 세계적인 현상이다.

천문학, 생물학, 우주 항공학, 지질학 등 모든 분야에서 과학자들의 협업은 필수적인 일이 되었다. 더 이상 홀로, 자기만의 실험실에서 연구하는 과학자는 찾아보기 어렵게 되었다. 물리학계의 테바트론 같은 대형 가속기 건설은 물론이고, 허블 우주 망원경 발사, 인간 유전체 계획 추진 등 20세기의 굵직굵직한 과학 이벤트들은 모두 수백 명, 수천 명의 과학자와 기술자, 그리고 그들을 돕는 사람들의 협업을 통해 이루어졌다.

자연의 가장 근간이 되는 물질의 구성 요소와 우주를 연구 대상으로 하는 순수 기초 입자 물리학 분야의 연구도 예외는 아니다. 20세기 중반까지만 해도 입자 물리학 실험은 불과 몇 명이 모인 소규모 실험실에서도 할 수 있었다. 그러나 작금의 과학 탐구에는 수많은 인력이 필요하다.

그러나 사람이 모이면, 그것도 많이 모이면 과학 탐구라고 하더라도 지적 호기심만으로는 그 활동을 유지해 갈 수 없다. 경쟁과 협동이라는 대립되는 행동 원리가 과학 탐구의 세계에 작용하게 된다. 경우에 따라서는 같은 목적을 가진 연구 집단끼리 서로 경쟁, 대립하기도 하고, 개인적인 성취보다는 집단에의 공헌이 중시되기도 하고, 개인 연구자의 연구 이력 완성보다 실험 그룹 전체의 성과가 더 중요한 상황이 된다. 입자 물리학 연구가 거대화된 데에는 다른 거대 과학 분야에서처럼 그렇게 될 수밖에 없는 물리학적 이유가 분명히 존재한다.

19세기 말 앙리 베크렐(Henri Becquerel, 우라늄을 최초로 발견했다.)에 의해 최초로 학계에 보고된 방사능을 품고 있는 돌은 자체적으로 에너지를 밖으로 방출하는 것만으로도 당시에는 괴이하게 여겨졌다. 이러한 방사능 물질이 방출하는 방사선에는 세 가지 종류[29]가 있다는 것이 밝혀지는 데에는 시간이 얼마 걸리지 않았다. 방사성 물질은 입자를 방출하기도 하고, 전자나 고에너지의 빛(광자)을 방출하기도 한다. 물리학자들은 이렇게 방출되는 입자를 가지고 물질을 이루는 원자 안의 구조를 이해하기 위해 실험을 계속했다. 때로는 방사성 물질에서 방출된 입자를 가져다 다른 입자를 때려 그 입자 안의 구조를 탐색하기도 했다. 그러나 원자 이하 세계에 대해 더 많은 것을 알려고 하면 할수록 더 높은 에너지로 원자들을 때려야 한다는 것이 밝혀졌다. 자연적으로 존재하는 방사능 붕괴 현상을 이용하는 것을 넘어서 더 높은 에너지에서의 실험의 필요성이 자연스럽게 대두되었다. 인간이 인위적으로 원하는 더 높은 에너지를 만들 필요가 있었던 것이다. 이를 해결해

줄 수 있는 도구가 가속기였다.

세계 최초의 가속기는 미국의 어니스트 로런스(Ernest Lawrence)에 의해 1931년에 고안되었다. 사이클로트론(Cyclotron)이라 불리는 이 기계를 가지고 로런스는 양성자를 0.08메가전자볼트(MeV, 이것은 0.00000008테라전자볼트에 해당한다.)의 에너지로 가속할 수 있었다. 이 세계 최초의 가속기는 지름이 20센티미터로서 그로부터 80여 년 후에 만들어진, 오늘날 지상 최대 출력의 가속기인 LHC의 지름 6.5킬로미터에 비하면 격세지감이 있다. LHC는 최초 에너지의 1000만 배 이상의 에너지를 내는 인류 기술의 모든 것을 결집한 최첨단 기계이다. 무려 14테라전자볼트(사이클로트론의 에너지와 비교해 보라.)라는 에너지의 양성자 빔을 만들어 내게끔 설계되어 있다.

더 거대한 가속기는 더 높은 에너지를 가진 입자 빔을 만들고 더 높은 에너지를 가진 입자 빔은 더 높은 에너지, 더 무거운 질량을 가진 입자를 만들어 자연에 감춰진 비밀을 더 많이 드러내기 때문에 우리의 가속기는 그렇게 무서운 속도로 거대화한 것이다.

사이클로트론은 한 사람이 한 손으로 들 수 있다. 그러나 LHC는 그 설비 안에 수천 명의 사람을 품고 있다. 물리학과 물리학자를 움직이는 지적 호기심의 총량은 단 80년 만에 에너지 단위로는 1000만 배 이상, 크기 단위로는 6만 배 이상 급팽창한 것이다. 거대 과학은 우리 과학 지식 체계의 이러한 급팽창 과정에서 탄생한 것이다.

빌딩보다 거대한 검출기

새로운 물리 현상을 알아내기 위해서는 생성된 모든 반응을 가능한 한 많이 검출해 내어야 좋은 결과를 낼 수 있으므로 검출기는 생성 입자들을 구별하는 능력과 함께 에너지, 운동량, 위치 등의 물리량을 측정할 수 있어야 한다. 가속된 입자 빔을 표적에 때려 그로부터 나오는 반응 결과를 검출기가 모두 검출할 수 있어야 한다. 양성자 빔을 마주 오게 하여 충돌시키는 LHC의 경우는 그 충돌에서 수많은 입자들이 생성된다. 충돌 에너지가 높아질수록 나오는 입자들의 수, 종류, 그 에너지가 커지기 때문에 LHC의 검출기들은 이 수많은 입자들을 물리학자들의 필요에 따라 정확하게 검출해 낼 수 있도록 다양하게, 정밀하게, 그리고 거대하게 설계된다.

입자의 정보를 검출하는 원리는 비교적 간단하다. 충돌 결과 튀어나오는 입자들을 어떤 물질과 부딪치게 해 그 물질 내 원자와 반응하게 하고, 그 반응 양상을 살펴보고 그 입자의 질량, 운동량, 에너지, 전하량 등이 무엇인지 알아내는 것이다. 검출기가 검출하려는 게 운동량인지, 에너지인지, 위치인지, 입자의 종류인지 등에 따라 검출기의 종류와 배치 방식 등이 다 달라지지만 기본적인 원리는 동일하다. 예를 들어 매우 간단한 검출 시스템을 하나 생각해 보자.

보통의 플라스틱에 미량의 형광 물질을 주입하면 빛을 내는 섬광체(scintillator)가 된다. 이 섬광체는 입자 물리학 실험에서 가장 보편적으로 널리 쓰이는 실험 물질 중 하나이다. 만약 이 섬광체에 입자가 날아

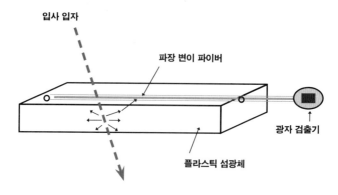

입사 입자

파장 변이 파이버

광자 검출기

플라스틱 섬광체

그림 4.1 간단한 입자 검출 시스템. 입사된 입자는 섬광체 내의 원자와 반응하여 빛을 방출하게 된다. 방출된 빛은 파이버를 통해 신호 측정기에 전달된다.

와 충돌하면 물질 내의 원자와 반응하게 되는데 이때 섬광체 내의 형광 물질 때문에 섬광체는 빛을 방출하게 된다. 이 빛을 센서로 포착하여 신호를 관측하면 입자가 섬광체를 지나갔다는 것을 알 수 있게 된다. 그림 4.1은 입사된 입자에 의해 섬광체 안에서 생성된 빛이 파장 변이 파이버(wave length shifting fiber)를 통해 신호 측정기로 전달되는 모습을 보여 준다.[30]

이 원리를 조금 다르게 응용하면 입자의 에너지도 알 수 있다. 예를 들어 충돌시키는 빔의 에너지가 높으면 높을수록 생성되는 입자들의 에너지 또한 당연히 점점 더 높아진다. 새로 생긴 입자들의 에너지를 알려면 입자를 물질을 지나가게 하면 된다. 물질에 입사된 입자는 물질 안의 원자와 충돌하여 에너지를 잃게 되는데 그 물질이 충분이 두껍다면 입자는 에너지를 다 잃고 그 물질 안에서 정지하게 된다. 이 경우 우리는 입자의 에너지를 정확하게 측정할 수 있다. 반대로 물질이 충분히 두껍지 않아 입자가 가지고 있는 에너지를 다 쓰지 못하고 물질을 뚫고 지나가면 그 에너지를 정확히 알 수가 없다. 즉 입사 입자의 에너지가 높아지면 높아질수록 이를 멈출 수 있도록 검출기의 물질도 그만큼 두꺼워져야 하고 그 부피 역시 커져야 한다.

바로 이 이유 때문에 가속기가 커짐에 따라 검출기 역시 커질 수밖에 없는 것이다. 더 높은 에너지를 가진 입자를 만들어 내면 이것을 검출하기 위해 더 거대한 검출기가 필요해지는 것이다.

현대 입자 물리학 실험에서 사용되는 검출기들은 거대하다. 그리고 그 크기에 비례해서 더 복잡한 구조를 갖추고 있다. 점점 더 복잡해지고 보다 더 다양해지는 물리학자들의 요구 조건에 맞추다 보니 더 정밀해지고, 더 복잡해지고, 더 거대해지고, 당연히 더 비싸지고 있다. 과거에는 손재주 좋은 물리학자 몇 명만 모이면 뚝딱 검출기 하나 만들 수 있었을지도 모르나 현대 LHC에서 사용되는 검출기를 만드는 데에는 물리학자들만으로 안 된다. 최첨단의 전자, 토목, 전기 공학의 전문가들이 매달려야만 한다. 그래야 빔이 초당 수천만 번 충돌하는 충돌 사건의 폭풍에서 쏟아져 나오는 수억 개의 입자들을 하나하나 정밀하게 구별하고 검출하는 검출기를 만들 수 있다. 사이클로트론과 LHC의 관계처럼 ATLAS나 CMS 같은 오늘날 검출기는 1950년대의 검출기에 비해 비교할 수 없을 만큼 거대해졌다.

거대 연구 집단의 탄생

자, 가속기도 커지고 검출기도 커졌다. 이것에 따라 연구에 관여하는 과학자의 수도 필연적으로 증가하게 되었다. 실제로 가속기의 빔 에너지와 참여 인원수는 얼추 비례한다. 1980년대 초만 해도 가속기 실험 팀은 수십 명으로 이루어졌다. 그러던 게 1990년대 들어 수백 명이 되고 21세기 LHC에서는 수천 명으로 늘어나게 되었다.

또 수백 명의 연구 공동체가 만들어진 이후부터 두드러진 점은 바로 국제적인 공동 연구가 형태를 잡아 가기 시작했다는 것이다. 한 나라 안의 입자 물리학자들만으로는 연구를 수행하기가 불가능해진 것이다. 게다가 장비, 인원 등의 규모가 커짐에 따라 그 실험에 들어가는 비용도 매머드급으로 늘어나게 되어 나라 하나의 연구 예산으로는 감당할 수 없는 수준이 되었다. 이제 가속기 연구는 국제 공동으로 제작비를 분담하고 가속기와 검출기 운영에 공동으로 참여하는 게 표준적인 방법으로 정착했다.

연구의 규모가 시대에 따라 어떻게 변하고 있는지는 그림 4.2의 그래프를 보면 잘 알 수가 있다. 가로축은 시간이고, 세로축은 왼쪽의 경우 가속기 충돌 실험에 사용되는 에너지이고, 오른쪽의 경우 실험 그룹의 인원수이다. 이들 모두는 비례 관계에 있음을 알 수가 있다. 그리고 위에 있는 굵은 선은 양성자 같은 강입자를 충돌시키는 가속기 실험이고, 아래에 있는 가는 선은 전자 같은 경입자를 충돌시키는 가속기 실험이다.

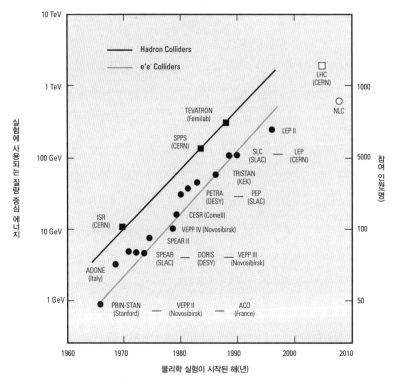

그림 4.2   1960년대부터 전 세계 가속기 실험의 에너지와 참여 인원수의 관계를 나타낸 그래프. 가로축은 실험이 시작된 연도, 세로축은 충돌 실험에 실제로 사용된 에너지를 나타낸 것이다. 에너지와 참여 인원수가 얼추 비례함을 알 수 있다.[31)

강입자 충돌 실험이든 경입자 충돌 실험이든 시간이 지남에 따라 에너지가 높아지고 있음을 알 수 있다. 다만 강입자 충돌 실험이 동시대 경입자 충돌 실험보다 항상 에너지가 높음을 알 수 있다. 이것은 앞 3장 「측정의 도구」에서 설명한 바와 같이 경입자같이 가벼운 입자는 강입자처럼 무거운 입자에 비해 가속 중 에너지를 쉽게 잃어버려 가속시키는 데 한계가 있기 때문이다. 거의 10배 정도 차이가 있음을 알 수가 있다.

1960년대 중반에 빔 에너지가 1에서 10기가전자볼트일 당시에 실험 멤버의 수가 50명과 100명 사이였던 것이 1980년대 들어 빔 에너지가 약 10배 커짐과 함께 수백 명으로 증가하게 된다. 1990년대의 테바트론 가속기의 2테라전자볼트 양성자-반양성자 충돌 실험 그룹인 CDF와 D0 그룹은 멤버 수가 700여 명의 대단위 그룹이었다. 21세기 들어서 LHC 가속기의 7테라전자볼트 이상의 에너지에서 대표적 실험 그룹인 CMS와 ATLAS 실험 그룹의 멤버는 2,000명 내지 3,000명에 이른다. 20세기 말의 수백 명의 그룹에서 이제 수천 명에 이르게 된 LHC는 거대 집단의 독특한 고유 사회를 형성하고 있다.

LHC의 실험 집단은 우선 규모면에서 압도적이다. 더 나아가 대규모 집단을 이루었던 기존의 충돌 물리 연구 집단과는 여러 면에서 다른 점이 있다. LHC 전의 가장 큰 충돌 물리 집단은 테바트론 가속기를 이용한 CDF 및 D0 실험으로서 이들의 연구자는 약 500~700명 수준이었다. 이보다 작은 다른 충돌 그룹도 마찬가지로 이들도 조직이 구성되고 물리 현상 연구가 이루어졌다. 수천 명이 한 집단을 이루어 공동의 목표를 추구하는 LHC의 집단은 소통의 관점에서 그들만의 유일성이 있으며 내부 및 외부와의 경쟁 또한 매우 치열하다. 대규모 집단에서 나타날 수도 있는 윤리적 문제 또한 두드러질 수도 있다.

LHC 실험의 협동과 소통의 원리

LHC의 실험에는 LHC 시설에 모인 수천 명의 연구자들 말고도 네트워크로 연결된 전 세계 수천 명의 연구자들이 참여한다. 그들은 전 세계에 흩어져 있지만 물리 현상 연구라는 하나의 목적을 실현하기 위해 함께 활동한다. 이들이 어떻게 물리 현상을 연구하고 어떤 방법으로 소통하고 어떤 식으로 조직화되는가는 연구의 진도뿐만이 아니라 결과의 효율적 관리라는 측면에서 매우 중요하다.

CMS 실험 그룹의 조직이 어떻게 구성되어 운영되는지를 살펴보자. 물론 또 하나의 거대 그룹인 ATLAS도 CMS의 경우와 매우 흡사하다. CMS 조직은 2년마다 선거(보통 각 대학이 한 표를 행사하나 대학의 그룹이 매우 큰 경우는 그룹이 분리되어 여러 표를 행사하기도 한다.)를 통해 뽑는 실험 대표를 구심점으로 대표는 실험의 진행 관련 모든 업무에 책임을 진다. CMS의 경우 실험 대표는 단임제를 채택하고 있다.

산하에는 재정, 자문, 검출기 운용, 각종 내규, 출판 등 관련 책임자가 있고 이들은 실험 대표가 지명한다. 실험 내의 모든 중요한 결정 사항은 이들 상위 조직에 의해 논의되어 대학 연합 보드(collaboration board)에 보고되어 결정 사항이 보드에 의해 통과되어야 한다. 대학 연합 보드는 실험 그룹 내의 모든 대학(현재 전 세계 40개국에 172개의 대학 및 연구소)으로 이루어져 상위 결정 기관의 역할을 수행한다. 하위 조직으로는 검출기의 각 세부별로 책임자가 있으며 데이터 획득 및 분석 관련하여 세부적으로 책임자가 정해져 있다. (그림 4.3 참조)

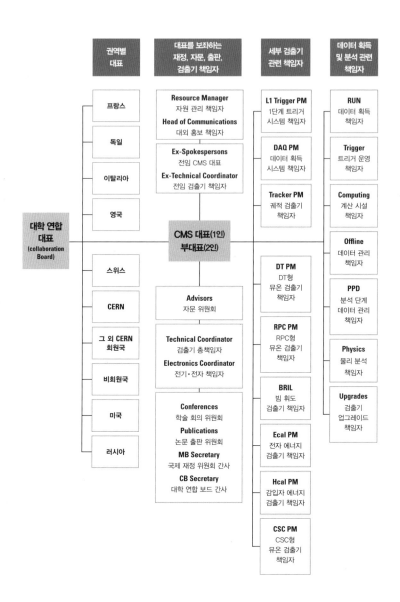

권역별 대표	대표를 보좌하는 재정, 자문, 출판, 검출기 책임자	세부 검출기 관련 책임자	데이터 획득 및 분석 관련 책임자

권역별 대표
- 프랑스
- 독일
- 이탈리아
- 영국
- 스위스
- CERN
- 그 외 CERN 회원국
- 비회원국
- 미국
- 러시아

대학 연합 대표
(collaboration Board)

대표를 보좌하는 재정, 자문, 출판, 검출기 책임자
- **Resource Manager** 자원 관리 책임자 / **Head of Communications** 대외 홍보 책임자
- **Ex-Spokespersons** 전임 CMS 대표 / **Ex-Technical Coordinator** 전임 검출기 책임자
- **CMS 대표(1인) 부대표(2인)**
- **Advisors** 자문 위원회
- **Technical Coordinator** 검출기 총책임자 / **Electronics Coordinator** 전기·전자 책임자
- **Conferences** 학술 회의 위원회 / **Publications** 논문 출판 위원회 / **MB Secretary** 국제 재정 위원회 간사 / **CB Secretary** 대학 연합 보드 간사

세부 검출기 관련 책임자
- **L1 Trigger PM** 1단계 트리거 시스템 책임자
- **DAQ PM** 데이터 획득 시스템 책임자
- **Tracker PM** 궤적 검출기 책임자
- **DT PM** DT형 뮤온 검출기 책임자
- **RPC PM** RPC형 뮤온 검출기 책임자
- **BRIL** 빔 휘도 검출기 책임자
- **Ecal PM** 전자 에너지 검출기 책임자
- **Hcal PM** 감입자 에너지 검출기 책임자
- **CSC PM** CSC형 뮤온 검출기 책임자

데이터 획득 및 분석 관련 책임자
- **RUN** 데이터 획득 책임자
- **Trigger** 트리거 운영 책임자
- **Computing** 계산 시설 책임자
- **Offline** 데이터 관리 책임자
- **PPD** 분석 단계 데이터 관리 책임자
- **Physics** 물리 분석 책임자
- **Upgrades** 검출기 업그레이드 책임자

그림 4.3 CMS 실험의 조직도. 2012년 기준이다.

살펴보았듯이 조직은 물리 현상의 종류, 검출기 종류에 따라 분리되고 국가와 연구 집단(대학교 또는 연구소)에 따라 별도 조직이 있다. 물론 이러한 조직은 특정의 학문적 목적을 가지고 모인 집단인 만큼 결국 물리적 현상의 연구에 초점이 맞춰져 있기 때문에 학문적 성과를 낼 수 있느냐의 여부가 집단을 움직이는 가장 중요한 동력이 된다.

그러나 한 가지 분명한 것은 수천 명에 이르는 많은 연구자가 하나의 실험 그룹 아래 모여 있으므로 기존에 없었던 새로운 형태의 독특한 하나의 사회와 문화가 형성된다는 것이다. 기실 수십 명의 집단과 수천 명의 집단이 물리 현상 연구라는 같은 목적으로 모여 있을지라도 이들 집단의 성격이 같을 것이라고 생각하면 큰 실수이다.

테바트론을 이용한 CDF와 D0 실험 그룹은 수백 명 단위로 이루어져 있었다. 연구 대부분은 3~5명으로 이루어진 실험 그룹이 물리 현상과 관련된 연구 주제를 하나 정해 1~2년간 데이터 분석을 수행한 다음 결과를 창출하곤 했다. 언제까지 끝내야 한다는 시간에 대한 제약이 사실상 없었다. 그러나 LHC 실험의 경우 분석 멤버 구성과 분석 기간에 대한 제약이 강하게 요구된다. LHC 실험이 시작된 지 약 2년이 지만 기존의 실험과는 매우 다름을 피부로 느낄 수 있다.

LHC 실험의 경우 실험 그룹 차원에서 판단하건대 중요한 물리학 토픽인 경우 데이터 획득을 끝낸 지 한두 달 내에 결과로 창출해야 하는 분위기가 강하다. 결과를 출판물로 하든 학술 회의 발표물로 하든 언제까지 발표하라는 시간 제약은 반드시 존재한다. 향후 LHC 실험이 수십 년 지속된다면 물리학계의 연구와 실험 문화는 완전히 바뀔 것이다. 아직은 초창기이지만 벌써 시간적, 조직적으로 연구자들에게 가하는 압박이 강해져만 간다. 필자가 속해 있는 CMS 실험 그룹의 경우 데이터를 획득하기도 바빴던 지난 2년 동안에도 매년 중간 결과 발표와 최종 결과 발표 하는 식으로 두 번씩 결과물을 창출해 내야 했다. 보통 여름에 열리는 유명 국제 학술 회의에서 발표하거나 겨울에 논문을 출판하거나 하는 식으로 결과물을 내놓아야 했다. 그러므로 LHC 실험에서는 데이터 획득이 끝나면 한두 달 내로 결과를 내야 한다. 또 연구자들은 압박감을 느끼면서도 그렇게 해낸다. 보통 결과 발표까지 2년 정도 걸렸던 테바트론 실험을 생각해 보면 LHC 실험에서는 격세지감을 느끼기도 한다. 그렇다면 그 비결은 무엇일까? 바로 초대형 연구 기관에 걸맞은 다수 참여와 철저한 분업과 치밀한 협업을 가능케 하는 시스템, 그리고 치열한 내부 경쟁이다. 먼저 분업과 협업을 가능케 하는 CERN의 시스템 중 하나를 살펴보자.

원격 화상 회의

수천 명의 실험자가 각각의 목적에 따라 모여 물리학 연구를 수행하는 데 있어 연구의 원활한 진행을 위해서는 소통이 매우 중요하다. 연구의 진행은 끊임없이 바쁠 때는 밤낮없이 진행되고 있는데 물리학 토픽별 연구 팀은 대부분이 전 세계의 대학에 흩어져 있다. 대학 연구 팀들이 모여 수행하는 연구가 비록 각 팀별로 분업이 이루어지고 있다손 치더라도 연구의 진행 상황 및 논의를 위해서 서로 모여서 연구 진척 상황을 협의할 필요가 있다. 경우에 따라서는 일주일에 여러 번 모여 연구 협의를 해야 할 때도 있을 수 있으므로 물리학 연구의 진행 및 진도의 관리뿐만이 아니라 연구자 수천 명을 묶어 놓아 소통을 할 수 있는 도구가 필요하다.

그 도구란 장소에 구애받지 않고 모일 수 있는 가상 공간의 네트워크 시스템이다. 바로 원격 화상 회의 시스템이다. 이 시스템은 노트북이나 PC로 인터넷에 연결할 수 있으면 어디서나 접속 가능하다. 일상생활에서 스카이프(skype) 등 이와 유사한 서비스를 제공하는 시스템이 있으나 LHC 실험에서 사용하는 원격 화상 회의 시스템은 그 규모면에서 압도적이다. 한꺼번에 수백 명이 같은 회의에 들어가 화상 회의를 할 수 있는 시스템이다. (2012년 7월 4일 힉스 입자 발견 발표 전 발표 리허설이 이 시스템을 이용해 이뤄지기도 했다. 2장 참조)

예를 들어 일주일에 한 번 진행되는 CMS 전체 회의는 CERN 시간으로 오후 4시에 진행되는데 한국 시간으로는 밤 12시(서머타임 시 오후 11시)이다. 언제나 이 시스템에 접속하여 발표 등 모든 것을 할 수 있다. 그룹 멤버는 실시간 동영상을 통해 지구상 어디에 있든 회의에 참석할 수 있다. 필자도 집에서 새벽 1시경에 노트북을 놓고 여러 번 발표한 적이 있다. 토론과 발표를 하기에 통신 품질과 화질 등 모든 것이 전혀 문제가 되지 않을 만큼 완벽하다.

상상해 보라. 수백 명이 지구 구석구석에서 동시에 회의에 참석하여 발표하고, 질의하고, 의견 교환을 하는 공간이 있다는 것을. 그리고 그것이 실시간 동영상으로 이루어진다는 것을. 이 기술은 아직 상용

화의 초기 단계에 있다. 앞으로 이것이 어떻게 보급되고 응용될지는 모른다. 다만 확실한 것은 인터넷보다 더 센 것이 오고 있음에는 틀림없어 보인다. 최초의 WWW이 CERN에서 시작된 것처럼 CERN에서 사용하고 있는 이 원격 화상 회의 시스템이 세상을 어떻게 바꿀지 흥미진진하다.

현재 웹 기반으로 대규모 회의를 할 수 있도록 구축되어 사용되는 원격 화상 회의 시스템은 Vidyo(http://vidyo.com)와 EVO (http://research. seevogh.com)라 불리는 시스템이다. 둘 다 거대 과학의 연구 목적에 주로 이용되고 있으며 물론 입자 물리학 실험에서 처음 시작되었다. CERN 의 경우 EVO를 사용하다가 현재는 Vidyo를 사용하고 있다. 시스템을 개발하고 구축한 회사에 메인 서버가 있으며 전 세계 주요 어느 곳에서 연결해서 사용할 수 있도록 전 세계 주요 곳곳에 서버를 두고 있다. 이 시스템은 웹 기반이므로 사용자는 인터넷 익스플로러, 크롬, 파이어폭스 등 웹 브라우저만 있으면 접속이 가능하다.

또 다른 원리, 경쟁

LHC 실험은 여태까지 진행되었던 기존의 충돌 물리 실험들과 비교하여 여러 차이점이 있다. 가장 주목할 만한 차이점은 기존의 테바트론 실험과 같은 대형 실험 그룹에서도 그리 크게 부각되지 않았던 경쟁 문제가 중요하게 부각되었기 때문이다. LHC 실험에 참여하고 있는 연구 그룹들은 외부의 실험 그룹과 경쟁해야 할 뿐만이 아니라 같은

LHC 실험 그룹과도 치열하게 경쟁해야 한다. 물론 기존의 테바트론 실험에서도 실험 그룹 간의 경쟁은 있었다. 그러나 LHC 실험의 경쟁과 비교하면 여러 면에서 차이가 있다.

테바트론의 충돌 실험은 토픽별로 통상적으로 1년 내지 2년 실험하고 연구 결과를 도출하는 구조였다. 그것에 비해 LHC 실험에서는 불과 한두 달 만에 결과가 도출된다. 물론 이처럼 빨리 결과를 도출해 내야 하는 토픽만이 물리학에서 중요한 것은 아니다. 그렇지 않은 연구 과제도 많이 있고, 그 연구 과제들을 LHC 실험 그룹들이 수행하고 있다. 그러나 이런 연구들도 테바트론 실험에 비해 매우 경쟁적으로 이루어지고 있다.

LHC 실험 결과가 일사천리로 빠르게 도출되는 이유는 우선 LHC 실험의 특성인 철저한 분업을 통한 협업에 있다. 일이 잘게 나뉘어 있고 각자 최단 기간 안에 그 연구를 끝내야 하는 것이다. 이것이 엄청난 내부 경쟁을 불러일으킨다.

전 세계의 모든 연구 그룹들이 이 속도를 따라갈 수 있는 것은 아니다. 비록 3,000명의 연구자들이 있고, 수백 개의 연구 그룹이 있다고 해도 중요한 물리 현상에 대한 연구를 제한된 시간 내에 끝내는 경쟁력이 있는 팀은 몇 되지 않는다. 사실상 주요한 물리 현상을 연구하는 몇몇 대학의 팀[32]이 중심이 되어 연구를 끌어가는 것이다. 연구 그룹들 사이의 경쟁만이 아니라 중요한 물리 현상 연구를 맡고 있는 팀에 들어가기 위한 연구자 개인들 사이의 경쟁도 몹시 치열하다.

LHC 실험이 이러한 치열한 내부 경쟁 속에 놓이게 된 데에는 몇 가지 이유가 있다. 우선 LHC를 이용하는 실험과 기존의 테바트론을 이용하는 실험은 강입자 충돌을 통해 물리 현상을 연구한다는 측면에서 본질적으로 같다. 따라서 연구 대상인 물리 현상 토픽의 수는 거의 같다. 에너지가 높아졌다고 해서 수행하고자 하는 연구 현상의 수가 특별히 늘어날 이유가 없기 때문이다. 하지만 연구자의 수는 테바트론 실험에 비해 LHC 실험이 최소한 5배 이상 커졌다. 자연히 연구 토픽을 선점하기 위한 사람들 사이의 내부 경쟁이 치열해지게 된다. 그야말로 생존 경쟁인 것이다.

또 한 가지 두드러진 이유 중의 하나는 LHC의 가동이 본래 시작 목표 연도보다 6년 이상 지연된 데도 그 이유가 있다. 실험 그룹 내의 많은 능력 있는 연구자들이 검출기가 제작되고 있을 때부터 실제 데이터 없이 10년 이상을 기다려야 했던 것도 이유 중 하나일 수도 있겠다.

데이터가 획득되고 불과 한두 달 만에 결과가 창출되어야 하는 LHC 실험의 풍토는 그 가속기와 검출기의 완성을 10년 이상 오랫동안 기다려 온 물리학자들 사이에 자연스럽게 만들어진 암묵적 규칙일지도 모른다. 그러나 이 경쟁의 규칙은 비단 시작 단계에 국한되지 않고 향후 오랫동안 LHC 실험 그룹 내부의 문화처럼 자리 잡게 될 것이다. 실험이 시작된 지 3년 정도 지난 지금도 경쟁력이 있는 팀은 14테라전자볼트 준비를 위해 혼신을 기울이고 있다.

경쟁은 지식이 있고 연구력이 있어야 가능하다. 실험 멤버의 대부분을 차지하고 있는 선진국 대학들의 연구자들이라고 해서 이 경쟁에서 우위에 서 있는 것도 아니다. 적어도 선진국 대학 팀 중에 반 이상은 선두 경쟁에서 탈락했고 앞으로도 그럴 것이다. 중진국 연구 그룹이라고 선두 경쟁에 끼지 못할 이유가 없다. 각 팀이 창출하는 연구 결과가 모든 것을 말해 줄 것이다. LHC 연구 그룹 사이의 내부 경쟁은 계속될 것이다. 어떤 연구 그룹, 연구 팀의 경쟁력을 판단하는 데 LHC 실험만큼 좋은 경연장도 또한 없다.

필자가 몸으로 겪은 논문 출판 경쟁

최근 몇 년간 테바트론의 연구 그룹과 LHC 연구 그룹 사이의 경쟁은 치열하게 전개되었다. 둘 다 강입자 충돌 실험이며, 거의 같은 연구 주제에 매달리고 있었다는 게 첫 번째 이유일 것이다. 두 번째 이유는 역사적인 것이다. 출력 면에서 이미 LHC에 뒤지고, 이미 가동 정지가 결정되어 있던 테바트론의 충돌 실험에서 나오는 데이터를 가지고 하는 연구로는 LHC에서 축적될 무지막지하게 방대한 데이터를 바탕으로 한 연구에 며칠, 몇 달만 꾸물거려도 순식간에 뒤처질 것이기 때문이다. 그래서 가동 정지를 앞두고 마지막 몇 년 동안 테바트론의 연구 그룹은 압도적으로 유리한 입장에서 연구를 하고 있던 LHC 연구 그룹들보다 더 빨리 연구 결과를 출판하기 위해 사력을 다해 경쟁했다. 이 대륙 경쟁의 사례를 필자의 개인적인 경험을 통해 소개해 보고자 한다. 물리학자들의 경쟁이 얼마나 치열한지 독자들이 조금이나마 맛보길 바란다.

2010년 9월 9일, 미국 페르미 연구소의 CDF 그룹 회의실에서 필자의 팀[33]은 지난 2년 여 W′ 입자 탐색에 관한 분석을 끝내고 결과를 인증받았다. 이로써 연구 결과는 외부에 공개되었다. 이제 남은 건 논문 출판 절차. 일반적으로 논문 심사 위원회가 구성되어 여러 단계에 거친 논문 심사가 이루어진다. 이 심사를 통과하면 논문이 출판된다.

당시 CDF 실험은 이미 20년 넘게 지속되고 있는 실험이었고, LHC의 CMS 실험은 이제 막 시작되고 있었다. CMS 실험은 장비, 인력의 규모 등 모든 면에서 CDF 실험보다 5배 이상 컸다. 이제 CDF 실험을 끝내고 CMS 실험에 참여하기로 결정한 필자의 팀은 CMS 실험 그룹의 주멤버가 되려면 치열한 내부 경쟁을 돌파해야만 한다고 예상했다. 필자의 팀은 초기 경쟁력 확보를 위해 CDF에서 연구한 것과 같은 물리 현상을 CMS에서도 하겠다는 계획을 세워 두고 있었다. CDF에서의 경험을 곧바로 활용할 수 있음을 어필함으로써 내부 경쟁에서 우위에서 보려고 했던 것이다.

2009년 여름에 스위스의 제네바 CERN의 LHC 빌딩 안의 1층 로비에서 W′ 입자 탐색을 위한 연구 그룹이 결성되었다. 필자의 팀을 비롯하여 미국의 코넬 대학교, 독일의 아헨 공과 대학 및 이탈리아의 밀라노 대학교 등 4개의 대학이 모여 같이 수행하기로 합의를 보았다. 물론 당시에는 아직 데이터가 없었으므로 시뮬레이션을 통해 준비를 하는 것으로 합의 보았다.

2008년 9월에 첫 가동이 시작되자마자 고장으로 두 주 만에 중단된 LHC는 있을지도 모를 다른 고장 가능성을 염려하여 본래 목표 에너지였던 14테라전자볼트 대신에 7테라전자볼트로 2010년 3월부터 가동을 시작했다. 가속기는 계속 돌아갔지만 성능은 좀처럼 나아지지 않아 원하는 만큼의 데이터를 획득하지 못하고 있었다. 급기야 3개월 뒤인 6월에 이 상태라면 본래 계획된 데이터양의 20배 정도 적을 것이라는 예측이 나왔다. 그 상황은 9월 말까지 계속되어 CMS 실험 그룹의 다른 물리 현상 연구 팀들과 마찬가지로 우리 팀이 소속되어 있는 W′ 입자 탐색 그룹도 터무니없이 적은 데이터로 데이터 분석을 시도하고 있었다. 그러나 데이터의 양이 국제 경쟁력을 갖기에는 너무 적어 정기적으로 열리는 원격 화상 회의는 짧게 끝나고는 했다. CDF에서 얻었던 W′ 입자 탐색 결과를 앞지르기 위해서는 여태까지 획득한 데이터보다 최소한 5배는 더 있어야 되는 것으로 추정되었다.

이유야 어떻든 LHC의 가동이 시작되었고 데이터 획득이 되고 있음으로 적으나마 데이터의 분석 결과들이 2010년 7월에 파리에서 열린 ICHEP에서 발표되었다. 그러나 LHC 실험 발표 내용은 대부분 물리적으로 경쟁력이 없는 것이었다. 오히려 흥미 있는 결과는 테바트론 실험에서 나왔고 학술 회의는 결국 테바트론의 실험 결과가 주도하는 자리가 되어 버렸다.

CMS 실험의 각 물리 현상 연구 소그룹은 터무니없이 적은 데이터 양에 대한 한탄을 하며 계속 연구를 진행했다. 어차피 2010년은 이런 상태로 지나갈 것이고 2011년에 더 많은 데이터를 획득하면 된다고 생각하고, 모의 실험 등 모든 준비를 비록 느슨하지만 진행하고 있었다. CMS W′ 그룹도 예외는 아니어서 경쟁력이 생길 만큼의 데이터가 획득될 2011년을 기다리며 기본적인 것을 정기 회의를 통해 점검하는

지루한 작업이 9월 중순까지 지속되고 있었다.

2010년 9월 20일 테바트론 데이터를 적용한 W′ 입자 탐색 결과의 출판을 위한 내부 논문 심사 위원회가 구성되었다는 연락을 CDF 대표로부터 받았다. 이 심사가 얼마가 걸릴지 모를 일이었다. 보통 두 달에서 길게는 1년 걸린다. 그러나 LHC 가속기의 가동이 심상치 않았던 것을 눈치 챈 것은 9월 말이었다!

LHC의 심상치 않은 가동은 정확히 9월 21일부터 시작되었다. 9월 28일까지 일주일 만에 획득한 데이터양이 3월부터 9월 20일까지 6개월간 획득한 데이터의 양과 같았다. 이런 상태가 계속된다면 CDF W′ 탐색 결과와 CMS 결과가 비슷해지는 시점은 그로부터 약 3주 후인 10월 중순이었다. CERN에서는 LHC가 11월 초까지 계속 가동된다고 했으므로 그때까지 얻은 데이터양만으로도 CMS 결과는 CDF 결과를 앞지르게 된다. CMS W′ 그룹은 다른 여느 그룹과 마찬가지로 데이터양이 늘어나자 분석에 박차를 가하기 시작했다.

한편 CDF W′ 입자 탐색 연구 결과 논문 출판을 위한 실험 그룹 내부 논문 심사 위원회가 결성되고, 첫 번째 회의를 하기 전 연구 결과 자료에 대한 심사 위원들의 검토가 시작되었다. 그러나 이 작업에 시간이 걸려 회의는 약 열흘 후에 열렸다. 이즈음 LHC에서 획득되는 데이터양이 늘어나자 필자는 회의 소집을 좀 빨리 해 달라는 국제 전화를 위원장에게 하게 된다.

CMS의 데이터 획득의 속도와 데이터 분석 결과가 도출되는 속도를 고려할 때 CDF W′ 입자 탐색 결과를 넘어설 것은 기정사실이고 제때에 대처하지 못하면 필자의 팀이 CDF에서 수행한 결과는 논문으로 제출하지 못하는 상황에 봉착할 수도 있었다. 그러나 동시에 필자의 팀은 CMS W′ 연구 그룹의 일원으로서 LHC 데이터 분석에 참여하여 결과를 내야 했다. 물론 CMS에서의 연구 진행을 CDF 논문 제출을 위해 지연시킬 수도 없고 CDF 논문은 제출되어야 했다.

바야흐로 필자의 팀은 CDF와 CMS의 연구 그룹에 동시에 소속되어 W′ 입자 탐색을 수행하고 논문 제출도 해야 하는 이상한 동거를 시작하게 되었다. 과거 실험에 대한 논문이 현재 실험 분석과 경쟁하는 독특한 상황에 처한 것이다. LHC는 매우 순조롭게 작동이 계속되고 있었고 CDF에서 우리가 내놓은 결과를 앞서려 하고 있었다. 우리는 이 상황에 대처하기 위해 CDF 논문 심사 위원회에 상황을 설명했고, W′ 논문 제출을 위한 심사를 서둘러 달라는 부탁을 하게 되었다.

그러나 우리 사정은 우리 사정. 논문 심사 위원회가 우리 사정만 봐서 논문을 통과시킬 수는 없는 노릇이다. 논문 심사 위원들의 질문에 성실히 답변해야 했고, 우리의 논문이 무의미해지는 마감 시한은 째깍째깍 다가오고 있었다. 긴박했다. 논문 심사 외 행정적인 절차에 걸리는 시간이라도 줄여야 했다. 필자는 CDF 실험 대표에게 심사 종료 후의 시간 단축을 위한 협의를 제안했다. 설령 심사가 당장 오늘 종료된다고 하더라도 CDF 실험 그룹의 규정에 따르면 작성된 논문을 2주씩 두 번 실험 그룹에 속한 모든 대학들에 보내 검증하는 기간을 거친다. 그것이 완료되면 48시간 동안 전 멤버가 훑어볼 기회를 준다. 즉 심사 위원들의 심사가 종결되더라도 논문 제출까지의 기간은 최소한 한 달 넘게 걸린다는 것이다.

당시 계산해 보니 논문 심사가 아무리 빨리 진행된다고 해도 논문은 12월 중순이나 되어야 제출할 수 있을 것 같았다. 만약 CMS 연구 그룹이 12월 초까지 획득한 데이터로 우리보다 나은 결과를 발표한다면 우리 논문은 어둠 속으로 사라질 수밖에 없었다. 물론 CMS 쪽도 논문 제출을 하려면 시간이 걸리기는 하지만 서둘러야 하는 것은 자명했다.

예상한 대로 10월 중순에 CMS는 CDF 결과와 같은 결과를 만들어 내고 있었다. CMS W′ 그룹의 아헨 공과 대학, 코넬 대학교 등 다른 멤버도 CDF W′ 탐색 연구를 우리 팀이 수행하고 있다는 것을 알면서도 CMS가 CDF를 따라잡았다는 언급 외에는 일체 구체적인 질문 사항은 없었다. 물론 당사자인 필자 그룹이 CDF 결과의 구체적 진행 상황을 이야기할 필요도 없고 출판을 위한 제출까지는 실상 모든 상황을 비밀로 해야 했다.

CMS 회의는 11월 초 데이터 획득이 다 끝나는 대로 빠른 시일 내에 분석 결과를 내어 출판을 위해 논문을 제출하자는 쪽으로 의견이 모아졌다. 결국 우리 팀은 CMS가 논문이 제출이 되도록 그룹의 일원으로 데이터 분석에 박차를 가함과 동시에 결과가 뒤진 CDF W′ 결과도 같이 출판해야 하는 운명에 처해졌다. 가장 시급한 문제는 이미 결과가 뒤쳐진 내용을 실은 논문을 CMS 팀이 논문으로 제출하기 전에 제출을 해야 하는 것이었다.

문제의 심각성을 인식한 CDF 논문 심사 위원회는 여하한 경우에라

Phys. Rev. D 83, 031102(R) (2011) [9 pages]

Search for a new heavy gauge boson W' with event signature electron+missing transverse energy in p͞p collisions at √s=1.96 TeV

Search for a heavy gauge boson W' in the final state with an electron and large missing transverse energy in pp collisions at $\sqrt{s} = 7$ TeV

CMS Collaboration*

ARTICLE INFO

Article history:
Received 29 December 2010
Received in revised form 3 February 2011
Accepted 15 February 2011
Available online 24 February 2011
Editor: M. Doser

Keywords:

ABSTRACT

A search for a heavy gauge boson W' has been conducted by the CMS experiment at the LHC in the decay channel with an electron and large transverse energy imbalance (E_T^{miss}), using proton-proton collision data corresponding to an integrated luminosity of 36 pb^{-1}. No excess above standard model expectations is seen in the transverse mass distribution of the electron-E_T^{miss} system. Assuming standard-model-like couplings and decay branching fractions, a W' boson with a mass less than 1.58 TeV/c^2 is excluded at 95% confidence level.

© 2011 CERN. Published by Elsevier B.V. All rights reserved.

그림 4.4   2010년 12월 23일 제출돼서 2011년 2월 3일 출판된 CDF W' 논문(위)과 2010년 12월 27일 제출돼서 201년 2월 24일 출판된 CMS W' 논문(아래)

도 논문을 CMS보다 먼저 제출해야 한다는 데 의견을 모았고 자체 회의를 통해 초고속으로 심사를 진행하여 결국 12월 13일 논문 검증을 완료하고 CDF 그룹의 각 대학에 넘기도록 CDF 대표에게 배턴을 넘겼다. 대표에게 긴박한 사정을 국제 전화로 협의하여 2주간 두 번의 검증 과정을 1주간 단 한 번으로 규정을 바꾸고 다음 단계인 48시간 규정을 어겨 가며 결국 12월 23일, 논문은 제출되었다. 기실 이때는 이미 CMS에서 데이터 분석이 끝나고 논문이 만들어져 내부에서 검증을 하고 있었다. 제출해야 했다. CMS는 W' 논문을 12월 27일 제출했으므로 4일 먼저 제출된 CDF 논문의 출판을 위한 노력은 계속되었다.

논문은 제출되었으나 심사가 보통 빨라야 한 달 이상 걸리므로 먼저 출판을 위해서 심사를 재촉할 필요가 있었다. CDF 실험 대표에게 독촉을 하여 미국 물리학회 논문 편집장에게 1주일로 심사 기간을 주도록 하여 심사가 완료되었고 결국 2011년 2월 3일자로 CDF 논문은 공식적으로 출판되게 된다. 논문이 접수되고 출판까지 약 한 달 걸린 것이다. 이것은 극히 이례적인 것으로 편집자가 보낸 이메일에서도 다급함이 묻어나 있었다. CMS 논문은 2011년 2월 24일 출판되었다!

이로써 필자 팀은 비록 출판을 위해 힘든 과정을 겪었으나 결과가 뒤져 장기간의 연구 성과가 출판되지 못할 위기에 처했던 CDF 결과를 세상에 내놓은 것이다. CDF와 같은 테바트론 실험인 D0는 W′ 탐색 결과가 우리보다 늦어져 결국 출판을 못할 운명에 처해졌다. LHC에서의 실험 그룹이 얼마나 빠르게 그들의 결과를 도출하여 출판을 하는지의 대표적인 예다. 2개의 다른 실험에서 얻은 결과를 동시에 출판하려는 본의 아닌 경쟁에 뛰어든 이상한 동거의 기간은 출판을 함으로 끝이 났다.

CDF 실험은 이미 종료되었고 이제 LHC 실험에서의 물리 결과가 주된 관심사가 되고 있는 지금도 경쟁은 지속되고 있다. 경쟁은 CMS와 ATLAS 실험 그룹 간의 특정 연구의 결과물을 먼저 내놓으려고 하는 것에서부터 각 실험 자체의 그룹에서 연구 경쟁은 매우 치열하게 이루어지고 있다. 14테라전자볼트 에너지의 가동을 앞두고 LHC가 운휴 단계에 있는 현재도 데이터가 필요하지 않고 해야 될 수많은 계산 등을 데이터가 나오기 전에 수행하는 팀들이 매우 많다. 그들이 경쟁력을 가진 팀이다. 언급했듯이 이 팀들은 선진국에 속해 있을지라도 모든 대학이 가지고 있지 않다. 상위 약 30퍼센트 정도만이 팀의 경쟁력을 갖추고 있다.

5장
CERN 그리고 LHC

순수 기초 물리학 연구의 산실 CERN

오늘날 최첨단 기술이 동원되는 우주 망원경, 우주 탐사선, 입자 물리학 등 기초 과학 연구 또는 우주 개발 산업 등은 매우 큰 투자 비용이 소요되므로 오직 선진국에서만 가능하다. 미국이 우주 산업에 세계적인 선두를 유지하고 있으며 기초 과학에서도 강국으로서의 위상을 유지하고 있는 것도 경제력과 매우 밀접한 관계가 있다. 비록 서유럽에서 독일의 국민 총생산이 세계 3위(2012년 기준, 또는 4위, 산출하는 방식에 따라 약간씩은 다르다.)일지라도 미국의 국민 총생산(GDP)보다는 4배 이상 차이가 나며 서유럽 대부분의 나라가 상위 10위 안에 있을지라도 각국이 각각 자력으로 우주 산업 또는 가속기 산업 등 응용성이 상대적으로 적은 기초 연구를 위해 독자적으로 뛰어들 여력은 미국에 비하면 매우 부족하다. 그런 반면에 선진국으로서 반드시 해야 할 분야이 기도 하다.

이런 연유로 서유럽은 유럽의 여러 나라가 같이 연합하여 공동 출 자의 형식으로 대규모 연구소를 만들어 우주 개발, 기초 물리학 연구 등에 뛰어들고 있다. 우주 개발의 경우 아리안 프로젝트(Arian project), 입자 물리학 실험의 경우 CERN의 대규모 연구 프로젝트들이 그 대 표적인 예이다. 이 연구들의 특징은 유럽 각 나라의 국민 총생산에 비 례해 비용을 분담하고 그 예산으로 운영을 한다. 그러므로 유럽에서 GDP가 가장 높은 독일이 가장 많은 분담금을 댄다.

CERN은 『다빈치 코드』의 작가 댄 브라운의 소설 『천사와 악마』에 등장하는 물리학 연구소이다. 영화로도 만들어진 이 소설은 CERN에 서 만들어진 반물질을 중심으로 CERN 소장이 음모에 가담하고 일련 의 음모에 교황청이 관계되어 있다는 픽션이다. LHC를 건설하여 우주 의 근본 현상을 이해하고자 실험을 수행하는 CERN은 전 세계 대중 에게 힉스 입자를 찾을 것이라고 지난 10년 여간 대대적으로 선전하 며 자신을 대중에게 알렸다. CERN은 대중의 과학 환상을 은근히 조 장하는 이 영화도 홍보에 적극 활용했다.

CERN은 유럽 역사상 처음으로 유럽의 여러 나라가 공동 출자를 통해 세운 기초 과학 연구소이다. 1954년에 설립되었으며, 스위스의 제네바 공항 근처에 있다. 북서쪽 스위스-프랑스 국경에 걸쳐 있는 세 계 최대의 입자 물리학 연구소이다. CERN은 세계에서 가장 높은 에 너지를 만들어 내는 가속기를 보유하고 있고, 충돌된 양성자 빔으로

그림 5.1 CERN의 로고.

부터 생성된 입자들을 검출기로 연구해 인류가 몰랐던 새로운 물리 현상을 탐구하고 있다.

CERN에 소속된 유럽의 나라인 회원국(member state)은 처음에 11개국으로 시작되었고 현재는 20개국에 이른다. 20개국의 GDP를 모으면 미국 한 나라의 GDP보다 약 10퍼센트 커진다. 힘을 한데 모아 세계에서 가장 큰 연구소를 설립해 낸 것이다.

CERN의 연구 시설은 유럽 회원국에 소속된 물리학자들만 이용할 수 있는 것은 아니다. 전 세계의 관련 물리학자들이 이용할 수 있도록 국제적으로 개방된 연구 기관이다. 연간 예산이 약 10억 달러(1조 원)에 이른다. 현재 2,600명 정도가 고용되어 있으며 전 세계 80여 나라의 500여 대학에서 방문하는 과학자는 1만여 명에 이른다. 실험에 참여하는 전 세계의 과학자는 각 실험 그룹의 일원이 되어 물리 현상 연구 및 각종 관련 검출기 연구 및 개발에 참여한다. 연구 수행을 위한 모든 시설은 국제 공동 연구의 일환으로 방문 연구자들이 이용하도록 제공된다.

설립 이래 CERN은 우주를 이루는 물질의 기본 원리와 상호 작용의 이해 증진에 인류사적 공헌을 하고 있다. 연구소에서의 실험으로 인류가 아직 몰랐던 새로운 물리 현상의 주요 발견으로 노벨상 수상자를 배출하기도 했다. 우주의 근원적인 힘 중의 하나인 약력을 매개

그림 5.2 CERN에서의 연구로 노벨상을 수상한 카를로 루비아, 반 데 미어 및 조르주 샤르파크(왼쪽부터)

하는 $W^{\pm}$ 및 Z^0 입자를 발견한 공로로 1984년 이탈리아의 카를로 루비아(Carlo Rubbia)와 네덜란드의 시몬 반 데 미어(Simon van de Meer)가 상을 수상하게 되고, 기본 입자의 궤적 검출기를 발명한 공로로 1992년 폴란드 출신의 프랑스 인 조르주 샤르파크(George Charpak)가 노벨상을 수상했다.

CERN은 기초 입자 물리학의 국제 공동 연구를 목표로 한 기관이라 그런지, 운영과 조직 면에서도 다른 연구 기관에 비해 매우 다른 점을 볼 수 있다. 유럽 회원국들은 국민 총생산에 비례하는 금액을 공동 출자한다. 국민 총생산이 많은 나라는 많이 내고 매우 적은 나라는 오히려 마이너스의 출자 형식을 취한다. 즉 이 나라들은 돈을 받는다. 물론 돈을 이 나라들에 직접 주는 것이 아니라 CERN을 방문한 그 나라의 연구자들이 방문할 때 쓰이는 경비를 지불해 주는 것이다. 더 나아가 고용할 때에도 그 나라의 재정을 고려해 고용상의 혜택을 준다. 이러한 방식은 비영리적 연구를 위해 모인 물리학자들의 조직이라 가능한 일일지도 모른다.

WWW의 탄생지

CERN이 인류에 한 공헌은 꽤 많다. 그중에서도 20세기 후반 이래 일상 생활에 가장 큰 영향을 끼친 것은 월드와이드웹, 즉 WWW의 발명이다. 이것이 CERN의 가장 큰 업적이라는 데는 의심의 여지가 없다. WWW은 본래 물리학자들이 실험을 보다 효율적으로 수행하기 위해 발명한 의사 소통의 수단이다. 통상 1960년대까지만 하더라도 입자 물리학 실험이라고 하면 보통 10명 내외의 학자들이 대학 내 건물의 비교적 큰 실험실에 모여 조그만 실험 장비를 이용해 하는 것이었다. 그러므로 연구의 진행 상황이나 결과는 실험자들 사이의 직접적인 대면 회의 등을 통해 이루어져 왔다.

그러나 빔의 에너지가 점점 더 높아지고 이를 만들어 내는 가속기 및 실험용 검출기 등 시설 또한 대형화되면서 새로운 실험을 수행하기 위한 인력, 인프라 등 모든 것이 거대해져야 했다. 1970년대 들어서 실험 팀 구성원이 100명이 넘어선 실험도 존재하게 되면서 연구의 진행 상황 또는 실험 결과에 관한 정보의 교환을 한곳에 모여 직접적인 대면 회의로 처리하는 데 한계가 오기 시작했다.

연구를 수행하는 사람들은 세계 각국의 대학에 흩어져 있는데, 가속기는 어느 한 연구소에 고정되어 있으므로 이들을 모아 회의 한 번 잡는 일조차 지난한 일이 되기 시작했다. 이것을 해결하기 위해 나온 것이 컴퓨터 네트워크를 이용해 문서를 보내는 이메일 시스템이다. 이메일 시스템은 입자 물리학을 전공하는 학자들이 처음으로 개발해 이용하기 시작했다.

계속 새로운 입자가 발견되었지만 기본 입자 사냥꾼들의 갈망은 해소되지 않았다. 가속기 빔 에너지는 지속적으로 높아졌고, 실험 규모, 인원 모두 대형화되어 갔다. 1980년대 들어서는 연구 멤버의 수가 수백 명이 되는 그룹도 존재할 만큼 모든 게 거대 과학화되고 있었다. 연구 규모의 대형화는 물리학 연구를 구미 선진국 일부 국가가 참여하는 지역적인 연구에서 여러 대륙에 흩어져 있는 세계 각국의 연구자들이 참여하는 국제적인 공동 연구로 확장되었다. 실험 멤버가 여러 나라의 사람들로 구성되다 보니 이메일 시스템조차 한계를 노출하기 시작했다. 보다 더 획기적인 방법이 고안되어야만 했다. 특히 실험 진행 상황이나 연구 결과들을 담은 파일을 어느 한곳에 모아놓고 실험 그룹 멤버라면 열람이 가능하도록 하는 시스템을 구축하는 일이 절실했다. 즉 단순한 문서 전송 시스템인 이메일 시스템을 넘어서 파일을 자유로이 공유할 수 있고 동영상을 띄워 서로 원격으로 볼 수 있는 시스템이 필요해진 것이다. 이래서 개발된 것이 WWW(월드와이드웹)이다.

CERN에서 1990년 처음으로 WWW이 탄생했는데 이 WWW의 발명자는 팀 버너스리(Tim Burners-Lee)로서 당시 CERN 소속의 물리학자였다.

당시에 사상 최초의 WWW 서버(server)는 모두 CERN에 있었고 사용자는 연구소 내의 몇몇 물리학자들이었는데 1991년에 CERN은 전 세계의 입자 물리학자들에게 이 프로그램을 사용하도록 공개했다. 그 효과는 즉각적으로 나타나기 시작했다. 전 세계에 흩어져 있던 당시의 실험 그룹 멤버들은 WWW을 이용해 실험 과정, 진도 및 결과를 컴퓨터를 통해 어디서나 공유할 수 있게 되었다. 이메일 시스템의 단순한 문서 주고받기 식의 의사 소통이 실시간적이고 전 방위적인 의사 소통 시스템으로 진화한 것이다. 이것은 연구의 효율성을 혁신적으로 제

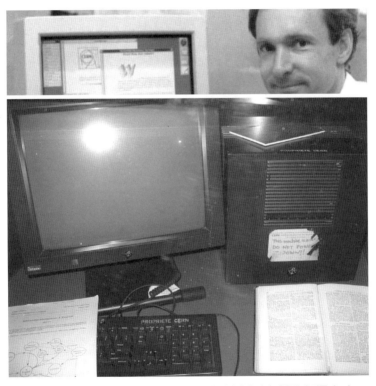

그림 5.3 WWW의 발명자 팀 버너스리와 WWW의 발명자가 당시 사용했던 컴퓨터. 이 컴퓨터는 사상 최초의 WWW 서버이기도 하다.

고했고, 동시에 보다 높은 에너지, 보다 많은 연구자, 보다 많은 연구비, 보다 거대한 조직을 빨아들이며 무섭게 성장하는 연구의 대형화에 가소도를 붙였다.

CERN이 무료로 공개한 이 WWW은 과학자들의 사용에 국한되지 않고 오늘날 전 세계 인류의 거의 모두가 이용하는 20세기의 가장 중요한 발명품이 되었다. 이 공로로 버너스리는 현재 살아 있는 전 세계 천재 100인 중 1위에 올라 있다. 처음에 WWW은 실험을 효율적으로 수행하기 위해 발명되었지만, 이 도구가 인간 생활 곳곳에 범용적으로 쓰일 것이란 것을 초기에는 그 누구도 예측하지 못했다.

지상 최대의 에너지를 우주로 쏘다

2008년 9월 10일 CERN의 LHC에서 양성자 다발이 지상 최대의 에너지로 드디어 충돌을 시작했다.[34] 빛의 속도의 99.9999퍼센트에 가까운 속도로 서로 마주 오는 양성자 다발은 검출기 중앙의 충돌점에서 정확히 부딪혔다. 자연 현상을 더욱 정밀하게 보고자 만든 역사상 최고 배율의 고분해능의 현미경이 작동을 시작한 것이다.

10년 넘은 각고의 노력 끝에 제작되고 최첨단 기술을 집대성한 LHC이지만 완성은 예정보다 몇 년 더 걸렸고 예상했던 것보다 훨씬 더 많은 돈이 들었다. 세계에서 가장 높은 에너지를 내는 LHC 가속기는 엄청난 인력과 최첨단 기술이 총동원된 전형적인 선진 기술의 총아이다. 작게는 EU의 자존심이며 크게는 자연의 베일 뒤 진실에 한 걸음 더 다가서고자 하는 인류의 역사에 한 획을 긋는 장치이다.

전 세계 언론 및 일반인의 관심도 매우 컸다. 별의별 소문이 돌기도 했고 그중에 CERN의 LHC의 가동으로 블랙홀이 형성되어 지구의 종말이 온다는 황당한 소문은 압권이다. 급기야 LHC 가동을 통해 블랙홀이 형성되어 지구가 종말을 맞이한다는 동영상이 유투브에 실리기도 했다.[35]

LHC 링의 둘레는 27킬로미터로서 LHC 가동 전 가장 높은 에너지의 빔을 양산해 냈던 미국 페르미 연구소의 테바트론 링의 둘레보다 5배 가까이 크다. 이 LHC는 원래 전자와 양전자를 가속시켜 충돌 실험을 수행하던 LEP의 가속기와 충돌기가 설치되어 있던 터널에 건설되었다. 이 링을 이용해 가속시키는 양성자의 최종 목표 에너지는 14테라전자볼트로서 테바트론의 2테라전자볼트보다 7배 높다. 당연히 충돌 에너지가 높으면 그만큼 새로운 물리 현상이 일어날 확률이 높아지기 때문에 여태까지 보지 못한 새로운 물리 현상의 관측에 용이해진다. 이는 우리가 당구공을 예로 들어 당구공 내부가 어떻게 되어 있는지를 알려면 아주 센 힘을 주어 충돌을 시켜야 하는 이치와 같다. 외부로부터 큰 힘이 가해졌을 때 당구공이 깨져 공의 내부를 알 수 있는 원리이다. 즉 에너지를 높이면 높일수록 내부를 좀 더 정확히 들여다볼 수 있다.

지상 최대 에너지 자리를 LHC에 내어준 테바트론은 양성자와 반양성자를 충돌시키는 것임에 비해 LHC는 양성자와 양성자를 충돌시킨다. 반양성자의 생성은 양성자 빔을 표적에 때려 그로부터 생성되는 수많은 입자 중에 나오는 반양성자를 모아서 빔을 만들므로 빔의 개수를 주어진 시간 내에 늘리는 데 한계가 있다. 이에 반해 양성자를 생성시키는 것은 상대적으로 매우 쉬우므로 빔 다발 안에 입자의 개수를 획기적으로 늘릴 수 있다. 더 많은 입자를 충돌시키면 더 많은 흥미 있는 물리 현상이 발견될 확률이 커지기 때문이다. 그래서 LHC에서의 빔 안의 입자의 개수는 여태까지의 가속기와는 비교가 안 될 정도로 커서 테바트론보다 대략 100배에서 1,000배 크다.

이와 같이 빔 다발의 입자의 개수를 높이는 방법으로 빔 자체의 입자의 개수를 증가시키기도 하지만 같은 시간에 일어나는 빔의 충돌 횟수를 늘리는 방법도 있다. 테바트론은 초당 약 200만 번 빔을 충돌

그림 5.4   지하 100미터 아래에 있는 터널에 설치된 LHC 초전도 링.

시킨다. 이에 비해서 LHC는 빔을 초당 무려 4000여만 번 충돌시킨다. 기존의 가속기와는 비교도 되지 않을 만큼의 빠른 충돌률은 힉스 입자의 발견 등의 새로운 탐색을 위해 절대적으로 필요하다. 주어진 에너지에서 충돌시키는 입자의 개수를 늘려 충돌 확률을 늘리지 않으면 여태까지 보지 못한 물리 현상을 관찰할 수 있게 될 확률은 좀처럼 커지지 않기 때문이다. LHC는 에너지와 빔의 입자의 개수에서 단연 독보적이다.

이처럼 엄청나게 빠른 충돌로부터 귀중한 물리 현상을 하나도 손상시킴 없이 골라내기 위해서는 최첨단의 검출 장비가 필요한 것은 물론이다. 이 가속기를 사용하는 실험 그룹이 4개 있다. 지하 100미터 아래 설치된 이들 검출기들은 장장 10여 년에 걸쳐 설계, 제작 및 시험을 마쳐 현재 실험을 진행 중이다.

LHC: 세계 최강의 가속기

새로운 물리 현상의 발견을 위해서는 인류가 여태껏 경험하지 못한 무지막지하게 높은 에너지가 반드시 필요하다. 오늘날의 우주는 태초에 팽창이 시작된 후 계속 팽창이 진행되어 더 커진 만큼 대폭발 당시의 엄청난 에너지(즉 매우 뜨거운)의 상태에서 억겁의 시간이 흘러 에너지가 많이 내려간(즉 차가워진) 상태에 이르고 있다. 그러므로 우리가 아직 모르는 우주의 물리 현상을 알아내기 위해서는 우주 초기의 뜨거운 상태에 가깝도록 재현해야 하고 에너지가 높을수록 우주 초기의 상태에 근접하게 되니 새로운 현상을 밝혀낼 확률이 높아진다.

지난 20여 년간 세계 최대 에너지의 가속기는 미국 시카고 근교의 페르미 연구소의 테바트론으로 2테라전자볼트의 에너지였다. 가동이 시작된 LHC는 에너지가 7테라전자볼트로서 3.5배 더 높을 뿐만이 아니라 2015년에 시작될 가동 에너지는 14테라전자볼트로서 7배 더 높다. 이용하려고 하는 입자 빔 에너지가 높으면 당연히 새로운 물리 현상을 찾는 것이 용이해진다. 새로운 물리 현상을 찾는 확률은 에너지의 크기에 비례해서 지수적으로 커진다. 일례로 테바트론 2테라전자볼트와 현재 가동 중인 LHC 에너지 7테라전자볼트는 겨우 3.5배 차이이지만 입자 발견 확률은 20배 이상 차이가 난다. 더 나아가 14테라전자볼트가 되면 테바트론에 비해 입자 발견 확률이 100배 이상 더 높아지게 된다.

둘레 27킬로미터의 지하 터널

스위스 제네바 공항에 인접한 지상 최대 에너지의 가속기 시설을 보유하고 있다는 CERN 연구소는 정문이라도 들어서면 무엇인가 눈에 확 띄어 마치 괴물이라도 나와 지상 최대에 걸맞을 법한 특별한 그 무엇을 보여 줄 것도 싶다. 그러나 이 연구소 어디에서도 세계 최대라는 것을 떠벌리게 만드는 구석이라고는 눈을 씻고 둘러보아도 없다. 왠지 초라해 보이는 정문 입구로 들어가면 건물 번호 등도 뒤죽박죽이라 어디가 어딘지 알 수 없는 낡은 건물들이 우리를 맞이한다. 유럽의 고풍

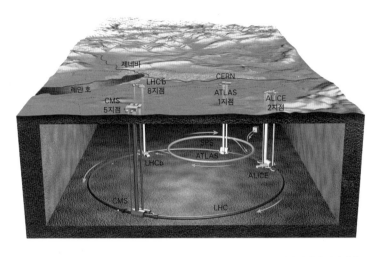

그림 5.5 LHC 가속기 링은 위의 개략도에서 보듯이 지하 깊숙이 100미터 아래에 설치되어 있다. CMS, ATLAS, ALICE 및 LHCb 검출기도 지하에 들어가 있다.

스러움은 차치하고 빗물이 새지 않으면 다행이라고 할 정도로 볼품 없는 콘크리트 건물들이 마치 몇 년 만 더 있으면 폐허가 될 것처럼 진득하니 웅크리고들 있다.

   도대체 지상 최대 에너지의 가속기는 어디에 있는 것일까? 지상 최대의 가속기라는 왕좌를 LHC 가속기에 내어준 미국 페르미 연구소의 테바트론은 이보다 더 볼 만했다. 페르미 연구소 본부 건물 15층에 올라가서 지상을 내려다보면 둥근 고리 모양의 둔덕을 확인할 수 있다. 둘레가 약6킬로미터인 그 거대한 고리 모양 둔덕을 보고 사람들은 감탄하곤 한다. 하지만 CERN에서는 눈을 씻고 보아도 LHC의 흔적초차 찾아볼 수 없을 뿐만이 아니라 일반인들을 위한 견학용 전망대도 없다.

LHC의 입자를 가속시키는 기계들은 모두 지하 100미터 아래의 지하 터널에 설치되어 있어 지상에서는 전혀 볼 수가 없다. 터널 위 지상에는 사람들이 농사를 짓고, 자동차들이 도로 위를 지나다니는 한가로운 풍경이 펼쳐져 있다. 그 지하 깊숙한 곳에 지상 최대의 에너지를 내는 가속기가 있다는 것이 믿기지 않을 정도이다. 지상 가까이 건설하는 것보다 땅 깊숙하게 터널을 파는 게 건설 비용이 덜 든다는 경제적 판단이 이렇게 만들었다. 더 나아가 LHC 실험은 지상 위에 그 어떠한 영향도 끼치지 않는다.

극고온, 극저온, 극초진공

LHC는 그 크기도 거대하지만 기계 장치들이 이루고 있는 구조 또한 복잡하기 이를 데 없다. 버튼 하나 누르면 입자 빔이 가속되고, 또 다른 버튼 하나를 누르면 계산 결과가 도출되는 가전 제품 같은 간단한 장치가 아니다. 매우 복잡한 단계와 절차를 거쳐야 작동시킬 수 있는 장치이다. 그것은 이 장치가 측정하고자 하는 현상이 극도의 정밀함을 요구하기 때문이기도 하지만, 이 장치가 작동될 때 필요한 조건과 만들어 내는 환경이 극단적이기 때문이다. LHC는 우주 공간보다 더 차가운 곳에서 태양 중심부의 온도보다 수십만 배 더 뜨거운 상황을 만들어 내며, 우주 공간보다 더 심한 진공 상태를 유지해야 제대로 작동한다.

고에너지로 가속된 양성자 빔이 서로 충돌하는 순간 충돌 지점에서는 태양의 중심부 온도보다 수십만 배 더 뜨거운 열이 만들어진다. 초고온의 환경이 만들어지는 것이다. 동시에 LHC는 세계 최대의 극저온 냉동 창고이기도 하다. 입자를 가속시키는 데에는 9,000여 개의 자석이 사용되는데 이 모든 자석은 섭씨 -270도의 극저온 상태에서 작동되고 있다. 이렇게 하는 것은 이 자석들이 극저온 상태에서 생기는 초전도 현상을 이용한 초전도 전자석이기 때문이다. 전류 손실을 최소화하기 위한 조치이기도 하다. 이러한 극저온을 얻기 위해서는 우선 액체 질소를 이용해 섭씨 -190도 정도의 저온 상태를 유지하고 다시 이를 액체 헬륨을 이용해 원하는 섭씨 -270도라는 극저온의 세계로 탈바꿈시킨다. 극고온과 극저온이 LHC에 공존하는 셈이다.

극고온과 극저온이 이렇게 공존하는 것도 우리 우주에서 흔치 않은 일일 텐데 빔 파이프 내부 역시 우주 공간보다 더 희박한 진공 상태가 유지된다. 입자 빔이 가속되는 동안 관 내부의 다른 기체 분자들과 충돌하면 안 되므로 극도의 초진공 상태를 유지하는 것이다. 빔 파이프 내부의 압력은 약 10^{-10}토르(torr)를 유지한다. 지표의 기압은 1기압이다. 이것을 토르로 환산하면 760토르이다. 그러므로 가속기 관 내부가 어느 정도의 진공 상태인지 짐작할 수 있다. 우주 공간의 압력은 약 10^{-9}토르이므로 우주 공간의 진공 상태보다 가속기 내부 빔 파이프의 진공 상태가 약 10배 더 좋다. LHC는 인간이 만들 수 있는 초진공 장치 중에 가장 큰 것이기도 한 셈이다.

양성자 빔의 가속

테라전자볼트 수준의 에너지를 가진 입자 빔을 만드는 일은 매우 어렵다. 우리나라의 포항 방사광 가속기의 경우 LHC보다 수천 배 출력이 낮은 2기가전자볼트 에너지의 전자 빔을 만들어 낸다. 그러나 이 2기가전자볼트의 에너지를 만들기 위해 전자는 여러 단계를 거쳐 가속된다. 여기에는 아주 복잡하고 정밀한 기술이 요구된다. 하물며 이보다 수천 배 더 큰 에너지를 끌어내야 하는 LHC는 최종 에너지를 얻기 위해 에너지를 단계적으로 높이는 매우 복잡한 여러 선행 단계를 거치게 된다. 여러 대의 작은 가속기들(그렇다고 해도 포항 방사광 가속기보다 대부분 크다.)을 이용해 단계적으로 입자 빔을 가속하고, 마지막 단계에서 둘레 27킬로미터의 LHC 링에 입자 빔을 집어넣어 최고 에너지로 가속하는 것이다.

양성자-양성자 충돌형 가속기인 LHC의 빔 가속의 첫 단계는 물론 양성자를 뽑아내는 일이다. 앞에서 설명한 것처럼 수소 기체를 가열하고 전극을 사용해 전자와 양성자를 분리한다. 이렇게 만든 양성자 다발은 선형 가속기(그림 5.6의 ①)에서 50메가전자볼트로 초기 가속되어 PS(양성자 싱크로트론, 그림 5.6의 ②)라는 가속기로 전달되어 25기가전자볼트의 입자 빔으로 가속된다. 에너지가 500배 커진 셈이다. 그리고 SPS 가속기(그림 5.6의 ④)로 전달되는데 여기서 입자 빔은 450기가전자볼트의 에너지를 가지게 된다. 이렇게 여러 단계를 거쳐 가속된 양성자 빔은 마지막으로 LHC 링으로 들어가게 되는데(그림 5.6의 ⑤) 최종 에너지

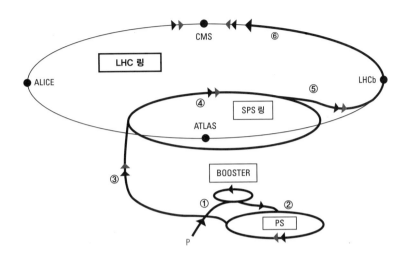

그림 5.6　CERN의 LHC 가속기. 양성자 빔은 LHC 링(둘레 27킬로미터)에 도달하기 전에 1개의 선형 가속기, 3개의 원형 가속기를 거쳐 가속된다. 그리고 CMS, LHCb, ALICE, ATLAS 등이 있는 지점에서 이 입자들을 충돌시킴으로써 새로운 사건을 발견할 수 있다. ① 양성자 다발을 초기 가속하는 선형 가속기 ② 25기가전자볼트까지 양성자를 가속하는 PS　③ PS와 SPS 링을 연결하는 경로 ④ 450기가전자볼트로 양성자 빔을 가속하는 SPS ⑤ SPS와 LHC를 연결하는 경로 ⑥ 최종 에너지로 가속되는 LHC 고리. 양성자 빔의 이동 경로가 굵은 음영선으로 표시되어 있다. 편의상 반대 방향으로 가속되는 또 다른 양성자 빔의 이동 경로는 생략했으나 같은 방식으로 SPS 링으로부터 시계 방향으로 LHC 링으로 입사되어 가속된다.

를 얻을 때까지(그림 5.6의 ⑥) 계속 돌게 된다. 그림에서 편의상 생략했지 만 양성자-양성자 충돌형 가속기이므로 SPS 링에서 양성자 빔을 반 대 방향으로 입사해 충돌을 위해 서로 반대 방향으로 도는 양성자 빔 을 만들게 된다.

충돌의 기록

서로 마주보며 달려오는 각각의 양성자 빔을 충돌시키기 위해서 양성자 빔은 우선 최대 에너지에 도달하도록 초당 약 1만 번 가속기 링을 돌아야 되고 이때 이 빔의 속도는 빛의 속도와 거의 같은 99.99퍼센트이다. 이렇게 가속된 각각의 양성자 빔은 테라전자볼트 영역의 에너지로 충돌 지점에서 충돌을 일으키게 된다. 이 충돌은 초당 수천만 번 일어나도록 설계되어 있다. 이렇게 천문학적으로 많이 충돌시키는 이유는 데이터를 주어진 시간에 충분히 뽑아내기 위함인데 기술이 허락하는 한 이 횟수를 늘리는 것은 매우 중요하다. 물론 초당 수천만 번의 충돌을 구별하여 그로부터 생성되는 입자들의 성질을 기록을 할 수 있는 검출기가 있어야 한다.

데이터의 수집을 위해 물리학자와 공학자들은 역사상 가장 정밀하게 입자의 성질을 기록할 수 있는 초거대 초정밀의 검출기를 설계, 제작했다. 이 검출기들은 수십억분의 1초를 분간해 낼 수 있으며 1만분의 1센티미터를 구분할 수 있는 최첨단 전자 계기로서 이토록 빠르고 정확한 이유는 초당 수천만 번의 충돌을 각각 구분해내어 이를 기록할 수 있어야 하기 때문이다. 지상 최대 에너지의 가속기에 걸맞게 검출기 또한 메가톤급이다. 링 주위로 모두 4개의 검출기가 있는데 이중 CMS(Compact Muon Solenoid)와 ATLAS(A Toroidal LHC Apparatus)라고 불리는 검출기는 일반 목적 검출기이고 LHCb와 ALICE는 특수 목적 검출기이다.

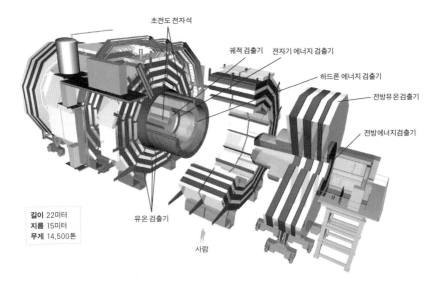

초전도 전자석

궤적 검출기 전자기 에너지 검출기

하드론 에너지 검출기

전방뮤온검출기

전방에너지검출기

길이 22미터
지름 15미터
무게 14,500톤

뮤온 검출기

사람

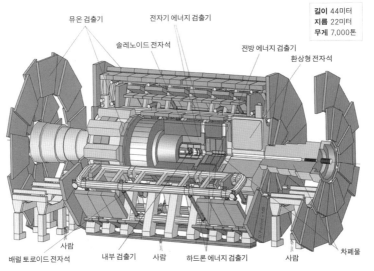

뮤온 검출기 전자기 에너지 검출기

솔레노이드 전자석 전방 에너지 검출기

길이 44미터
지름 22미터
무게 7,000톤

환상형 전자석

사람 차폐물

배럴 토로이드 전자석 내부 검출기 사람 하드론 에너지 검출기 사람

그림 5.7 CMS(위) 및 ATLAS(아래) 검출기. 도식도에서의 사람의 크기로 규모를 짐작케 하는데 실제 물리적 크기는 ATLAS가 훨씬 크다.

일반 목적 검출기라 함은 어느 특정의 물리 현상에 구애받지 않고 대부분의 물리 현상을 관측하도록 설계된 검출기라는 뜻이다. ATLAS와 CMS 검출 그룹은 새로운 입자의 탐색뿐만이 아니라 톱 쿼크 등의 정밀 측정, 전자기약 작용의 정밀 검증 및 QCD의 여러 제반 현상들을 망라하여 150여 개 이상의 물리학 토픽을 연구한다. 이에 비해 특수 목적 검출기는 어느 특정의 물리 현상들을 집중적으로 관측하기 위해 그 목적에 맞게 설계된 검출기를 말한다. LHCb는 보텀 쿼크로부터 일어나는 현상을 정밀 관측하도록 설계되어 있고 ALICE는 무거운 이온 빔을 이용해 이들로부터 일어날 수 있는 현상을 관측하도록 설계되어 있는 특수 목적 검출기이다.

LHC가속기의 총 건설 비용은 약 5조 원(50억 달러)으로 검출기 건설 비용과 컴퓨터 등 계산 설비를 합치면 모두 6조 4000억 원 이상이 소요된 매머드 프로젝트이다. 이 비용은 대부분 EU 멤버 국가에서 충당하고 그 외 다른 국제 공동 연구 수행의 나라에서 검출기 건설에 큰 공헌을 하고 있다.

빅 데이터의 저장 및 전송

초당 수천만 번 충돌을 구별하여 이를 기록해야 하는 것에서 암시되듯이 기록되는 데이터의 양도 당연히 방대하다. LHC의 4개의 실험 그룹이 초당 약 700메가바이트(MB)의 데이터를 기록하는 셈이다. 이는 연간 15페타바이트(PetaByte, PB)의 양이다. 이 양은 20킬로미터 높이로 쌓아 놓은 CD들에 담아야 하는 양이다. 1페타바이트가 1,000테라바이트(TB)이므로 보통 개인용 PC가 1테라바이트 용량의 하드디스크를 가지고 있음을 상기하면 얼마나 엄청난 양인가를 짐작할 수 있다. 물론 향후 현재보다 최소한 5배 이상의 데이터를 주어진 같은 시간 안에 더 획득할 계획으로 있으므로 LHC 실험들이 연간 기록하는 데이터의 양이 얼마나 어마어마한지는 쉽게 짐작할 수 있다.

페타바이트급의 엄청난 양의 데이터는 비단 저장 시스템에만 영향을 주는 것이 아니다. 엄청난 양의 네트워크를 이용한 전송, 데이터의 분석을 위한 클러스터링 시스템, 빅 데이터의 효율적 관리에 새로운 시스템의 구축이 필요하게 되었다.

이것을 가능케 하는 시스템이 그리드(GRID)라고 불리는 시스템이다.[36] 이것은 비록 컴퓨터가 지구상 다른 나라 여러 곳에 존재하고 있어도 장소와 시간에 상관없이 사용자가 이용을 할 수 있도록 하는 획기적인 시스템이다. 수백만 대의 컴퓨터로 이루어진 이 특수 계산 네트워크 시스템은 전 세계에 흩어져 있는 수천 명의 과학자들이 LHC의 검출기에서 기록된 데이터를 가지고 새로운 물리 현상을 찾아내고 분석할 수 있게 되어 있다. 시스템의 중심에는 Tier라고 불리는 단계적 데이터의 처리 방법이 있다. Tier-0, Tier-1, Tier-2, Tier-3 등 여러 단계의 Tier가 존재하며 그 역할이 구분되어 있다.

LHC의 실험 그룹이 획득한 데이터는 우선 CERN의 컴퓨팅 센터인 Tier-0에 저장되고 즉각적으로 전 세계에 퍼져 있는 9개 정도의 Tier-1 센터에 전송되어 독립적으로 저장된다. 이것은 데이터의 양이 워낙

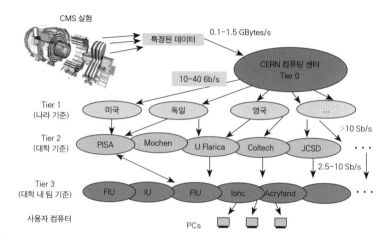

그림 5.8　CERN의 그리드 시스템. 실험이 거대하고 복잡해진 만큼 획득되는 데이터의 양도 페타바이트급이다. 따라서 빅 데이터의 저장, 전송, 분석 등의 효율적 관리 시스템이 매우 중요하다. 장소에 관계없이 전 세계 모든 관련 계산 자원을 하나로 이용하는 그리드 개념의 컴퓨터 활용으로 Tier 0, 1, 2, 3로 구성되어 있다.

많아 저장 공간을 분산시키기 위한 것이기도 하고, 만약의 경우를 대비해 사본을 여러 군데에 남기기 위한 것이기도 하다.

　Tier-1 센터는 권역별(또는 대륙별)로 흩어져 있다. 나라 단위로 흩어져 있는 Tier-1 산하에는 여러 개의 Tier-2가 존재하게 된다. Tier-2는 대학 단위이며 이들의 주역할은 데이터 분석을 위한 시뮬레이션 데이터를 양산하는 것으로 각 실험별로 토픽에 따라 수십, 수백의 시뮬레이션 데이터를 분업을 통해 양산한다. 그 밑으로 연구 팀 단위의 Tier-3가 있는데, 여기에 있는 데이터를 직접 분석하게 된다.

참고로 Tier-3는 보통 수백 테라바이트 이상의 저장 용량을 가지고 수십 대의 고성능 PC가 병렬로 연결되어 있는 PC 클러스스터링을 가지고 있는 계산 노드 시스템으로 팀의 연구에 직접 활용되는 자원이다. 물론 저장 용량과 계산 노드는 LHC의 에너지가 높아지고 더 많은 데이터의 획득이 예상되기 때문에 앞으로 확장해야 할 필요가 있다. 그리고 모든 Tier는 서로 독립이다. LHC의 실험에 참여하는 모든 나라에 Tier-1이 있는 것도 아니고, 마찬가지로 실험에 참여하는 모든 대학이 Tier-2를 보유하고 있는 것도 아니다. 마찬가지로 모든 연구 팀들이 Tier-3를 가지고 있지도 않다. 다만 Tier-3의 독자적 확보는 연구의 경쟁력 측면에서 매우 중요하다. (우리나라의 경우 대구 경북 대학교에 CMS의 Tier-2와 Tier-3 센터가 있다.)

양성자의 정면 충돌

LHC를 이용해 자연의 근본적 물리 현상을 어떻게 알아낼까? 서로 마주 오는 양성자 빔을 정면 충돌시키면 무슨 일이 일어날까? 새로운 물리 현상은 여태껏 발견되지 않았던 것이므로 비록 LHC의 빔 에너지가 가장 클지라도 이러한 현상은 매우 드물게 일어날 것이다. 이러한 새로운 물리 현상 등을 기존의 이미 알고 있는 현상으로부터 어떤 방법으로 구별해 내는가를 구체적으로 살펴보자.

에너지의 높고 낮음과는 관계없이 입자 빔을 충돌시킬 때 어떤 현상이 일어나는가를 우선 살펴보자. 일반적으로 입자 빔이라 함은 입자의 다발 즉 집합체를 의미한다. 보통 1개의 양성자 다발(뱀)에는 약 1000억에서 1조개의 양성자가 있다. 마주 오는 서로의 양성자 빔 안의 양성자 개수가 각각 1000억에서 1조 개라는 어마어마한 양에 달하므로 이들이 충돌하면 수없이 많은 입자들이 충돌을 일으킬 것 같은 생각이 드는 것은 자명하다. 그러나 실상은 그렇지 않다.

엄청난 양의 양성자들이 서로 마주 보고 달려오다가 각각의 빔 안에 1개의 양성자들이 서로 정면 충돌하는 일은 LHC의 경우 수개에서 수십 개 정도이며 테바트론의 경우 기껏해야 1개 정도이다. 물론 일반적으로 입자 빔 안에 입자의 수가 많으면 많을수록 정면 충돌의 수가 많아지기는 하는데 빔 안의 입자의 천문학적 개수에 비해서 그 수는 극히 미미하다.

테바트론의 경우 양성자-반양성자 충돌에서 기껏해야 1개 정도의 정면 충돌이 일어나는 이유는 반양성자 빔의 개수를 1000억 단위의 빔으로 모으는 것은 불가능하여 양성자의 수에 비해 훨씬 적은 수의 반양성자가 충돌하기 때문이다. 이에 비해 LHC의 경우 두 빔 모두 양성자 빔으로서 각 빔의 양성자 개수는 같아 훨씬 많은 개수의 양성자들이 충돌할 확률이 높다. 그러할지라도 정면 충돌은 매우 드물게 일어난다.

왜 1000억 개 이상의 양성자가 뭉쳐 있는 빔을 서로 충돌시켜도 실제로 강하게 충돌하는 것은 몇 개에서 몇십 개 정도밖에 안 될까? 사실 빔 안의 양성자들은 모두 같은 전기를 띠고 있어 서로 밀어내고 있다. 초전도 자석의 자기장을 이용해 이들을 작은 크기의 빔으로 집속

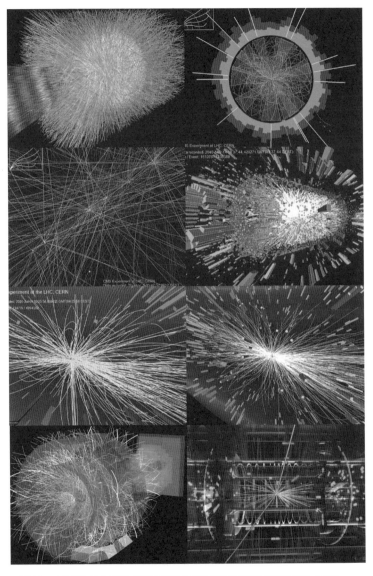

그림 5.9　1000억 개에 이르는 각각의 양성자 빔이 서로 충돌하여 생성된 반응. 수많은 선들은 충돌 후 생성된 입자들의 궤적이다.

시켜 놓은 것뿐이다. 그래서 빔 안의 양성자들은 서로 아주 멀리 떨어져 있다. 마주보고 달려오는 빔의 양성자에 관찰자가 타고 있다고 해도 그들은 자기 주위에서 같은 방향으로 달리는 다른 양성자나 마주보고 달려오는 양성자를 거의 보지 못할 것이다. 이래서 1000억 개의 양성자가 들어 있는 빔이 충돌한다고 하더라도 양성자 1개씩 정면 충돌하는 일은 매우 드물어 기껏해야 몇 번 정도 일어난다.

초당 4000만 번의 충돌

새로운 물리 현상을 탐구하는 입자 물리학자의 입장에서는 양성자들이 서로 정면으로 충돌해 강하게 쪼개지면 쪼개질수록 좋다. 비껴가거나 가볍게 충돌하면 양성자 내부의 쿼크들이 약하게 반응해 이미 발견된 현상 이상의 새로운 사건을 만들어 내지는 못할 것이다. 이것은 소음이나 다름없는 배경 사건에 지나지 않는다.

LHC에서는 빔의 충돌이 초당 4000만 번 일어난다. 빔이 한 번 충돌할 때마다 양성자 간의 정면 충돌이 최대 20번 정도(보통은 그 이하) 일어난다. 그러면 초당 최대 6억 번의 양성자 정면 충돌이 일어나는 셈이다.[37] 이 각각의 충돌에서 일어나는 물리 현상을 밝혀내기 위해 각 충돌 사건의 모든 과정을 완전히 재구성할 필요가 있다. 이를 위해 충돌 후 생성된 모든 다른 종류의 입자를 구별해 내고 그 성질과 궤적, 에너지 등 관련 정보를 알아내야 한다. 정보를 얻기 위해서 소위 검출기(detector)가 필요한 것이다.

초당 6억 번 일어나는 충돌을 하나하나 잡아내는 LHC의 검출기는 현대 과학 기술의 결정체이다. 그리고 역사상 가장 거대한 검출기이기도 하다. 만들었다는 말보다 지어졌다는 말이 어울릴 정도로 거대하다. LHC에는 여러 개의 검출기가 있는 규모 면에서 다른 모든 것을 압도하는 것이 바로 CMS와 ATLAS 검출기이다.

앞에서 언급한 바와 같이 이 검출기는 특정한 물리 현상만 탐구하기 위한 것이 아닌, 입자 물리학 전반의 거의 모든 현상을 탐구할 수 있는 일반 목적 검출기이다. 두 그룹 모두 물리적 목적은 같다. 각 검출기 모두 6000억 원 이상의 비용이 소요된 매머드 급의 검출기이다. 검출기는 공히 최소한 초당 4000만 번 생성되는 입자의 궤적, 에너지, 운동량 및 위치 등을 측정하도록 설계되어 있다.

오늘날 입자를 충돌시키는 실험은 대부분 실린더형 검출기 안에서 이루어진다. LHC의 CMS 및 ATLAS 검출기도 예외는 아니다. 다만 옛날에 비해 이 실린더형의 검출기가 빔 에너지가 커짐에 따라 상상을 초월할 만큼 커지고 있다.

LHC 가속기를 통해 생성된 양성자와 양성자는 CMS 검출기의 중심에서 충돌하여 온갖 입자들을 생성하는데 입자들 대부분은 수명이 매우 짧다. 이 불안정한 입자들의 대다수가 빔 파이프 안과 밖 10여 센티미터 이내 안에서 붕괴한다.[38]

검출기가 빔 파이프를 둘러싸고 있지만 충돌이 일어나는 빔 파이프 안에는 검출기가 존재하지 않기 때문에 빔 파이프 안에서 일어나는 일은 관측할 수 없다. 따라서 검출기가 잡아내는 입자들은 충돌 지점에서 처음 생긴 입자들이 한 번 또는 두 번 정도 붕괴한 결과물이다. 검출기는 수명이 비교적 긴, 이 상대적으로 안정된 입자들의 여러 물리량을 검출할 수 있도록 제작되어 있다.

검출기가 잡아내는 입자로는 앞서 언급했던 것처럼 일반적으로 전자, 뮤온, 광자와 쿼크 들로 이루어진 제트와 중성미자를 들 수 있다. 이 입자들의 운동 방식, 빈도, 독특한 특징 등을 가지고 물리학자들은 양성자가 충돌해 어떤 일이 일어났는지 유추할 수 있다.

The CMS, 초거대 검출기

먼저 CMS를 살펴보자. CMS는 Compact Muon Solenoid의 약자로서 '그리 크지 않은 뮤온 검출에 주안점을 둔 고자장의 기계'가 된다. 그리 크지 않다는 뜻은 실제로는 훨씬 더 커야 하는데 매우 큰 자기장을 이용해 매우 높은 에너지의 입자를 더 휘게 하여 상대적으로 작은 공간 안에서 입자의 검출이 되게 했다는 뜻이다. 그렇더라도 여전히 초대형 검출기임은 부정할 수 없다.

CMS의 전자석인 솔레노이드에서 생성되는 자기장의 크기는 4테슬라(Tesla), 즉 4만 가우스에 이르는데, 인간이 만든 초대형 자석 중에서 가장 큰 자기장을 발생시킨다. 지구의 자기장이 약 0.5가우스, 냉장고에 붙어 있는 광고 전단의 자석이 만드는 자기장이 약 100가우스인 것에 비교하면 얼마나 큰 값인지 짐작할 수가 있다. 4테슬라의 자기장은 너무 강해서 10여 미터 떨어진 곳에서의 쇠붙이도 순식간에 당겨

버리는 힘을 갖고 있다.

실린더가 누워 있는 모양을 한 CMS는 길이가 22미터에 이르고, 높이와 폭이 15미터에 달한다. 무게는 1만 2500톤에 달해 에펠탑 무게의 2배이다.

가공할 만한 에너지로 서로 마주 오는 양성자와 양성자 다발은 원리적으로 CMS 같은 검출기의 가장 중앙에서 충돌하기로 되어 있다. 그러나 양성자 다발 자체의 길이가 1센티미터가 넘는데다 초당 4000만 번의 충돌이 일어남으로 후속 다발이 쉴 사이 없이 들어와 맞물리는 상황에서 정확히 중앙 지점에서 충돌이 일어나는 것은 매우 드물다. 다른 한편으로 충돌이 어디서 일어났는지를 정확히 측정하는 것은 매우 중요하다. 입자의 수명이 보통 100억분의 1초 이하이고 대부분이 빛의 속도와 비슷하므로 생성된 입자의 많은 부분이 지름 약 10센티미터의 빔 파이프 안에서 붕괴한다. 이때 충돌 지점을 정확히 모르면 입자의 수명 등 물리량의 측정에 막대한 지장을 주게 된다.

충돌 지점을 정확히 측정하기 위해서 반지름이 약 20센티미터인 원통형의 충돌점 검출기가 빔 파이프를 둘러싸고 있다. 내부는 모두 6500만 개의 실리콘 픽셀로 이루어져 있고 이들 판이 방사 방향으로 여러 개 존재한다. 빔의 충돌이 일어나면서 생성된 입자들은 충돌 지점을 중심으로 방사형으로 퍼지게 된다. 생성된 입자들 중에 하전된 것들은 충돌점 검출기의 픽셀의 어느 특정 지점에 흔적을 남기게 되는데, 내부에는 이러한 픽셀로 구성된 판이 여러 개 있으므로 각각의 흔적을 연결하면 입자가 지나간 궤적이 된다. 구성된 궤적들을 거꾸로

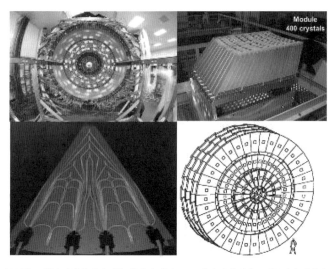

그림 5.10 완성 단계의 궤적 검출기(위의 왼쪽), 400개의 결정 막대로 이루어진 전자기 에너지 검출기의 1개의 모듈로서 총 7만 6000개의 결정 막대가 소요된다. (위의 오른쪽) 강입자 검출기의 1개의 판으로서 신호를 읽어 들이는 파이버가 보인다. 판의 총수는 1만 개다. (아래 왼쪽) 뮤온 검출기의 개략도. (아래 오른쪽)

추적하면 충돌 지점을 알 수 있다.

이 계기는 충돌점뿐만이 아니라 수명이 1조분의 1초(10^{-12}초) 이하로 매우 짧은 입자인 톱 쿼크나 보텀 쿼크 또는 경입자인 타우가 어떻게 붕괴하는가를 궤적의 재구성을 통해 알아낼 수도 있다. 수명이 매우 짧은 입자들은 충돌 후 불과 수 밀리미터 움직인 후에 또 다른 입자들로 붕괴하며 붕괴된 입자는 또다시 다른 안정된 입자들로 붕괴하게 된다. 이 경우에도 궤적의 재구성으로 붕괴가 일어난 지점을 알아낸 다. 즉 계기는 충돌이 일어난 지점뿐만이 아니고 충돌 후에 생성된 수 명이 매우 짧은 입자가 다시 보다 안정된 입자로 붕괴하는 지점 또한 알아내는 것이다.

충돌점 검출기를 통과한 입자들은 실린더형의 반지름 약 1미터의 궤적 검출기를 만나게 된다. 궤적 검출기는 충돌점 검출기와 같이 실리콘을 쓰는데 픽셀 대신에 끈(strip) 형태의 실리콘을 이용한다. 끈의 총 개수는 약 1000만 개로서 방사 방향으로 배열된 수십 개의 판으로 이루어져 있다. 방향이 빔 파이프와 평행인 4테슬라의 강한 자기장에 의해 궤적 검출기로 들어온 하전 입자는 휘게 된다. 입자는 궤적 검출기 속을 지나면서 수십 개의 판에 흔적을 남기는데 이를 재구성하면 입자가 지나간 궤적을 나타낼 수 있다. 하전 입자의 운동량이 크면 클수록 자기장에 의해 휘는 정도가 작다. 운동량의 크기는 입자가 그리는 원의 반지름에 반비례하기 때문에 반지름을 측정함으로 그 입자의 운동량을 알 수 있다.

궤적 검출기 바깥을 생성된 입자들의 에너지를 측정하는 에너지 검출기가 둘러싸고 있다. 이 장치는 앞서 언급한 바와 같이 입자가 물질과 상호 작용하는 방법에 따라 두 부분으로 나뉜다. 전자나 양전자, 광자들의 에너지를 측정하는 전자기 에너지 검출기에 연이어 쿼크 생성에 기인한 제트의 에너지를 측정하는 강입자 에너지 검출기가 설치되어 있다.

CMS의 전자기 에너지 검출기는 $PbWO_4$라는 납과 텅스텐을 주원료로 하는 길이 약 20센티미터, 단면이 2제곱센티미터인 결정 막대로서 입자가 결정 막대를 통과하면 안에서 광자가 생성되는 성질을 갖고 있다. 총 7만 6000개의 결정 막대가 소요된 검출기로서 입사 입자는 막대를 지나는 동안 에너지를 모두 잃어버리게 된다. 샤워를 통해 발생된 신호는 전자 기기를 이용해 읽어 들인다.

여기서 납과 텅스텐 성분의 결정으로 쓰는 이유는 납과 텅스텐이 원자량이 큰 원소이기 때문에 작은 두께로도 많은 샤워를 발생시킬 수 있어 입사 입자가 가진 에너지를 다른 물질보다 더 빨리 잃어버리게 하는 역할을 하게 하여 검출기를 비교적 작게 만드는 장점이 있기 때문이다.

강입자 에너지 검출기는 섬광판과 청동판으로 구성되어 있으며 이러한 판이 1개의 세트를 이루어 총 1만 개로 이루어져 있는데 섬광판과 파이버(Fiber)를 사용하여 신호를 읽어 들인다. 제트는 샤워가 깊고 커서 이들을 모두 포함하기 위해서 강입자 에너지 검출기는 전자기 에너지 검출기보다 물리적 깊이가 6배 정도 크다. 충돌을 통해 발생된 제트는 전자기 에너지 검출기에서 에너지를 부분적으로 잃고 그 뒤의 강입자 에너지 검출기에서 대부분의 에너지를 잃어버리게 된다.

강입자 에너지 검출기 바깥으로 4테슬라의 솔레노이드형 초전도 자석이 둘러싸고 있다. 솔레노이드는 실린더 형태의 구조물에 전선을 감아 전류를 흘려 실린더 안쪽으로 평행하게 일정한 자기장이 흐르게 하는 구조물을 이른다. 자기장의 크기를 매우 크게 함으로 궤적 검출기 등을 작게 만들어도 입자의 운동량의 분해능을 좋게 할 수 있다. 초전도 자석은 전류를 흘리는 전선에 액체 헬륨을 흐르게 하여 섭씨 -270도 정도를 유지케 하여 저항을 없앰으로 전기 손실을 막기 위함이다.

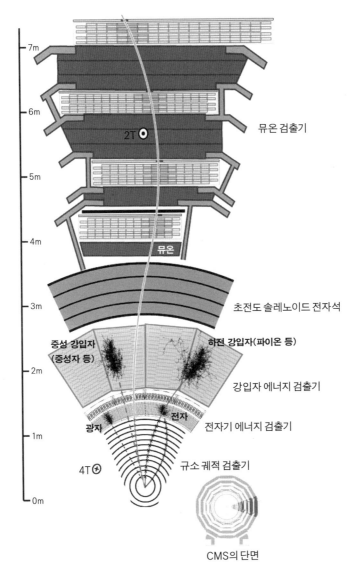

그림 5.11　CMS 검출기의 한 단면. 입자들이 어디서 어떻게 검출되는지를 보여 준다. 그림 3.7과 그림 3.8과 비교해서 볼 것을 권한다.

마지막으로 맨 뒤쪽에 뮤온 검출기가 있는데, 이 장치의 원리는 궤적 검출기와 같다. 뮤온은 에너지 검출기 내에서 물질의 원자를 이온화시킬 정도만 반응을 하고 에너지 검출기를 지나므로, 에너지 검출기 외부에 하전 입자의 위치를 측정하는 계기를 장치하여 뮤온을 구별해 낸다. 뮤온은 전기를 띠고 있으므로 중앙의 궤적 검출기에 궤적을 남기고, 에너지 검출기에는 작으나마 이온화 에너지 정도의 에너지를 남기며, 이어서 에너지 검출기를 뚫고 나간 뒤 뮤온 검출기에 흔적을 남긴다.

CMS 검출기의 경우 유독 여타 다른 실험의 검출기에 비해 뮤온 검출기가 방대하게 크다. 뮤온 검출기는 개략도에서 보다시피 모두 4개의 판들로 구성되어 있는데 판들 사이에 엄청난 양의 철판이 놓여 있다. 그 이유는 뮤온 검출기 안쪽에 있는 초전도 자석에 의한 자기장이 4테슬라로서 매우 강한 자기장이기 때문에 바깥쪽으로 철심을 뮤온 검출기 사이에 끼워 넣음으로 해서 자기장을 안쪽으로 잡아당기게 하기 위함이다. 이것을 자기장 반환 요크(return yoke)라고 한다. 만약 철심이 없으면 자석에 의해 생성된 자기장은 검출기 바깥쪽 멀리에도 생성되어 여러 다른 측정에 지장을 준다.

앞의 여러 검출기들로서 입자들을 구별해 내는데 우선 전자(양전자)는 궤적 검출기에 궤적을 남기고 전자기 에너지 검출기에서 대부분의 에너지를 잃어버리는 것으로 구별할 수 있다. 이와 비슷한 광자는 물질과의 상호 작용 면에서는 전자와 같으나, 전하를 띠고 있지 않아 궤적을 남기지 않는다는 사실로부터 구별해 낼 수 있다. 쿼크의 생성으로 나타나는 제트는 좁게 분포된 여러 개의 궤적을 남기며, 전자기와 강입자 에너지 검출기 모두에 에너지를 잃어버리게 된다. 뮤온은 궤적 검출기에 궤적을 남기고, 에너지 검출기에 미량의 에너지를 남기며 뮤온 검출기에 궤적을 남기는 것으로 구별할 수 있다. (그림 5.11 참조)

　중성미자는 검출기의 물질과 거의 반응을 하지 않아 궤적이나 에너지 등을 남기지 않으나, 궤적 검출기를 통해서 검출된 입자들의 운동량을 측정함으로 중성미자의 운동량을 계산할 수 있다. 양성자 빔은 마주오며 빔 파이프 방향에서 충돌하기 때문에 운동량 보존 법칙에 의해 빔 파이프와 수직한 방향으로의 운동량의 합은 0이다. 만약 그 합이 0이 되지 않는다면 검출되지 않은 중성미자 같은 입자가 출현한 것으로 간주되어야 하기 때문에 이로써 중성미자의 위치와 가로 방향으로의 운동량을 알 수 있다. 그러나 중성미자의 진행 방향과 운동량을 알 수 있는 경우는 사건에서 1개의 중성미자가 생성되었을 경우이다. 만약에 한 사건에서 2개 이상의 중성미자가 생성되었다면 그들 각각의 진행 방향과 운동량을 알 수는 없고 전체를 합한 운동량만을 알 수 있을 뿐이다.

　ATLAS 검출기는 CMS와 같은 일반 목적 검출기로서 CMS와 상호 검증하는 관계로 상호 보완적이다. 검출기가 하나 있을 시에 중요한 측정이 이루어졌을 때 이에 대한 검증을 할 방법이 없다. 그러므로 CMS와 함께 ATLAS는 독립적으로 측정하여 상호 비교하는 관계에 있다. 이때 어떤 발견이 두 실험 그룹을 통해 동시에 이루어지면 그 발견의 확실성은 배가됨은 물론이다. 두 검출기의 규모, 공동 연구자의 규모

면에서 거의 같은 대규모 검출기로서 비록 궤적, 에너지 등 세부 검출기는 CMS와 다른 종류의 검출기를 쓰고 있을지라도 입자를 검출하는 성능은 CMS와 거의 같다. CMS와 비교해서 가장 특이한 점은 크기로서 CMS보다 더 큰 규모로서 ATLAS 검출기의 부피는 CMS에 비해 약 6배 크다. 이렇게 된 데에는 CMS가 실린더형의 솔레노이드 전자석을 이용하는 데 비해 ATLAS는 토로이드형 전자석을 갖고 있다는 데에 주된 이유가 있다. 토로이드형 전자석은 도넛 형태의 구조물에 전선을 감아 전류를 흘려 도넛 구조물 내부에 원을 따라 일정한 자기장이 흐르게 하는 구조물을 말한다.

데이터의 선별

힉스 입자 등 새로운 입자의 발견이나 새로운 물리 현상의 탐구를 위해서는 데이터를 엄중히 선별하는 작업이 실험 중에 이루어져야 한다. 이를 트리거(trigger)라 하는데 트리거는 첫째 물리적으로 관심도가 적은 사건을 걸러내기 위해, 둘째 빔의 충돌이 아닌 우주선 같은 다른 배경 사건을 없애기 위해, 셋째 보기 원하는 물리 현상을 골라내기 위해 실험 중에 행하여지는 데이터를 골라내는 작업이다. 다른 한편으로 양성자 빔의 충돌은 25나노초마다 한 번 일어남으로 초당 4000만 번의 충돌이 일어나는 것이다. 이를 모두 테이프에 담을 수 없고 또한 담을 필요가 없는 데이터도 있다. 이런 연유로도 충돌 후 데이터는 선별 과정을 거치게 된다. 즉 좋은 데이터는 기록하고 그렇지 않은 데이

그림 5.12　CMS 실험의 데이터 획득을 수행하는 주조종실

터는 버리게 된다.

　우선 엄청나게 빠른 속도로 충돌하는 양성자와 양성자는 순식간에 붕괴하여 다른 입자들이 생성되고 이들이 검출기에 걸리게 된다. 매번의 충돌로 일어난 붕괴 형태는 온갖 상호 작용에 의한 것으로 대부분은 이미 알려진 물리 현상의 사건들로서 그다지 중요치 않고 단지 개중 몇몇만이 새로운 물리 현상일수도 있는 것들이다. 이런 것들을 검출기가 판단하여 걸러내기 위해서 매우 빠른 속도의 데이터의 흐름을 빠짐없이 잡아내어 판단하는 장치가 필요하다.

　기술적으로도 문제가 있다. 각 충돌로부터 얻어지는 데이터의 양은 약 1메가바이트인 데 비해 테이프에 저장할 수 있는 속도는 초당 약 100메가바이트로서 초당 4000만 번의 충돌 모두를 테이프에 저장하지 못하게 된다. 결국 좋은 사건을 선별하는 장치가 필요하게 된다. 이를 트리거 시스템(Trigger system)이라 하는데 각 충돌이 일어날 때마다 물리적으로 관심이 있는 사건인지를 매우 빠른 시간 내에 판단하여 버릴 것인지 테이프에 담아야 할 것인지를 트리거는 결정한다.

CMS 트리거 시스템은 두 단계로 구성되어 있다. 우선 1단계 트리거(Level 1 trigger)에서 에너지 검출기와 뮤온 검출기의 정보를 이용한다. 에너지 검출기로부터 측정된 입자의 에너지가 얼마보다 크냐(예로 40기가전자볼트) 또는 측정된 뮤온의 운동량이 어느 값보다 큰가라는 기준으로 이 기준을 통과하지 못하는 사건들은 버리게 된다. 대략적이나마 각각의 물리 현상에 맞는 전자, 뮤온, 제트의 데이터로 여겨지는 것들을 골라낸다. 이 단계에서 초당 4000만 번의 충돌 사건들이 약 10만 번의 사건으로 줄게 된다. 단계 1에서 추려낸 데이터가 모두 좋은 데이터는 결코 아니다. 추려낸 데이터에는 많은 배경 사건이 있을 수 있다. 그러나 단계 1에서 좋은 데이터를 버리는 일은 없다.

통과된 10만 개 이상의 사건은 다음 단계의 트리거를 거치게 되는데 이 단계에서는 1,000여 대의 PC를 이용해 물리량의 기준 임계치를 통과하는 것만을 테이프에 저장하게 된다. 단계 1에서 4000만의 충돌 사건이 약 10만 개의 사건으로 줄어들었으므로 데이터의 비율이 충분히 낮아졌기 때문에 단계 2에서는 걸러내는 시간에 여유가 있다. 그러므로 단계 1에서 사용된 단순한 제한보다 입자의 구별이 좀 더 정확하게 이루어지게 되어 골라낸 입자가 진짜 입자일 확률은 90퍼센트 이상이다. 이를 고단계 트리거(High Level Trigger)라 이르는데 기준 알고

단계(level)	사건의 개수/초
충돌 시 (트리거 전)	40,000,000 (40 MHz)
단계 1 트리거 (Level-1 Trigger)	~100,000 (100 kHz)
고단계 트리거 (High Level Trigger)	~100 (100 Hz) / 테이프에 저장

표 5.1 CMS에서의 데이터 선별 트리거 과정: 초당 4000만 번의 충돌로 만들어진 4000만 개의 사건 중에 오직 100개 정도의 사건만이 테이프에 저장된다.

리듬은 1단계의 세부 검출기 하나 등을 바탕으로 하는 것이 아니라 모든 세부 검출기의 정보를 사용하게 된다. 예를 들어 높은 에너지의 전자를 확신하기 위해서는 에너지 검출기로부터 측정된 에너지뿐만이 아니라 궤적 검출기로부터 운동량 또한 요구한다. 이 단계에서 데이터는 약 100개 정도로 줄어 테이프에 담기게 된다. 즉 초당 4000만 개의 사건 중에 약 100개 정도가 저장되는 것이다. 1개의 데이터는 약 1메가바이트를 다시 상기한다.

데이터의 분석

테이프에 저장된 데이터는 아직 물리적으로는 전혀 의미가 없는 수자일 뿐이다. 비록 어떤 입자로 여겨지는 것을 담은 것은 확실할지라도 이 데이터를 물리적으로 골라내는 방대한 작업이 수반되어야 한다. 우선 테이프에 담긴 모든 데이터들 중에 잘못 걸러진 사건들이 있을 수 있다. 데이터의 선별 작업이 두 단계의 트리거를 거쳤을지라도 실제 물리적 양으로 보기에는 쓸모가 없는 것이 다량 존재한다. 더 나아가 설령 물리적으로 의미 있는 양일지라도 우리가 이미 알고 있는 물리 현상의 범주에 들어가는 사건이 대부분이다. 이 데이터를 다시 걸러내야 한다. 이 작업은 오프라인에서 할 수 있으므로 방대한 컴퓨터 자원을 이용해 우선 물리 연구에 쓰일 만한 사건들만 골라내는 선별을 수행한다.

일반적으로 CMS와 ATLAS 그룹은 연구 주제가 150여 개가 넘으므로 이 주제들은 몇 개의 큰 물리 그룹 산하에 운영이 되며 각 연구 목적에 따라 필요한 데이터의 분리가 이어서 이루어진다. 예로서 수십 기가전자볼트 이상의 2개의 경입자(전자 또는 뮤온)로 붕괴하는 데이터, 한 개의 경입자로 붕괴한 데이터, 경입자와 제트가 같이 나타난 데이터 등 모두 나뉘어 다시 저장된다. 이 단계의 데이터가 바로 연구자들이 특정 연구를 위해 분석을 시작하는 시작점이 된다.

연구자들은 최종 선별 분리된 데이터를 사용해 물리적 결과를 도출하는데, 탐구하고자 하는 물리적 내용에 따라 힉스 입자 발견과 같은 새로운 입자 및 현상의 탐색과 톱 쿼크 입자의 질량 및 생성 단면적 측정과 같은 이미 발견된 입자의 제반 성질의 정밀 측정으로 나눌 수 있다. 이를 위해 크게 3단계로 위에서 선별된 데이터에서 나타난 경입자, 제트 입자의 최종 선택 및 재구성, 모의 실험 데이터와의 비교 분석 작업, 그리고 최종적으로 통계적인 방법을 이용해 결과가 도출된다.

예를 들어 Z′ 보손이라고 해서 이미 발견된 Z 보손과 유사한 새로운 입자의 존재를 추정해 볼 수가 있다. 만약 이 입자가 자연에 존재한다면 표준 모형의 Z 보손과 특성이 거의 유사한데 불변 질량이 매우 클 것으로 예상하고 있다. 이것을 탐색하기 위해 주로 전자쌍 혹은 뮤온 입자의 쌍으로 붕괴하는 채널을 이용한다. 전자쌍을 이용한 데이터 분석으로 위에서 설명한 2개의 전자로 선별된 데이터를 사용하여 이 입자들의 에너지와 운동량을 이용해 불변 질량 분포를 획득한다. 또한 동일한 방법을 표준 모형의 Z 보손과 새로운 Z′ 보손 생성에 대하여 모의 실험 데이터를 만들어 각각의 불변 질량 분포를 구한다. 최종적으로 선별된 데이터를 이용한 질량분포를 모의 실험 데이터와 비교하여 Z 보손만 있는 경우와 맞는지 아니면 Z′ 보손이 존재할 경우와 잘 맞는지를 통계적 방법으로 추론하게 된다. 위의 과정에서 측정된 경입자의 에너지와 운동량에 대한 불확실성과 경입자라고 선별되었더라도 제트가 전자로 잘못 선택되는 경우 등을 고려해야 하는 계통 오차가 계산되어야 한다. 또한 통계적인 해석에 있어 최종 선택된 이벤트의 개수가 중요한데 Z′보손은 Z 보손보다 생성될 확률이 매우 낮아 최종 판단에 많은 어려움이 수반된다.

앞서 지적한 것처럼 힉스 입자의 경우처럼 아직 발견되지 않은 새로운 현상은 주어진 충돌 에너지에서 존재할지라도 당연히 매우 드물다. 거의 100억분의 1 또는 1000억분의 1로서 다른 배경 사건으로부터 실제 새로운 현상으로 보이는 사건을 골라내야 하는 매우 어려운 작업이다.

6장
미래

표준 모형의 확장

힉스 입자의 발견은 연구의 끝이 아니라 오히려 시작을 알리는 징표이다. 표준 모형에서 예측해 온 마지막 입자가 발견되었다고 우리가 우주의 모든 물리적 현상을 이해한 것은 결코 아니다. 더 나아가 우리가 여태껏 몰랐던 새로운 에너지 영역에 새로운 현상이 있을 가능성을 힉스 입자의 발견은 열어 주고 있다.

CMS와 ATLAS 실험 그룹은 힉스 입자 탐색이라는 연구 토픽을 제외하고도 150여 가지가 넘는, 있을지도 모르는 새로운 형태의 물리 현상을 찾기 위해 노력하고 있다. 힉스 입자의 발견은 이러한 노력의 실마리인 동시에 새로운 길안내인 셈이다.

표준 모형이 확실히 자연을 올바르게 묘사하고 있다는 것은 지난

40여 년간의 실험 결과들이 입증해 준다. 놀랍게도 표준 모형이 잘못되었을지도 모른다는 결과를 제공한 실험은 아직까지 단 하나도 없다.

원래 표준 모형은 40여 년 전에 만들어진 수많은 이론적 모형들 중 하나였다. 이론 물리학자들은 표준 모형과 비슷한 이론적 골격을 가진 수많은 모형들을 세상에 내놓았고, 실험 물리학자들은 실험을 통해 그 모형들을 하나하나 폐기해 나갔다.

사실 표준 모형은 경쟁하던 다른 어떤 모형보다 단순한 모형이었다. 왜냐하면 1장에서 살펴본 것처럼 가장 단순한 군의 조합을 통해 완성된 것이기 때문이다. 이 표준 모형을 제외한 다른 모형들은 실험이라는 엄혹한 검증을 통과하지 못하고 사라졌다.

경입자와 쿼크의 가족을 세 가지 세대로, 그리고 힘의 전달을 보손들을 통해 설명하는 표준 모형이 자연을 올바르게 묘사하고 있다는 사실을, 1995년에 톱 쿼크가 발견되고 힉스 입자마저 발견된 작금에 와서 문제 제기하는 사람들은 없다. 그러나 표준 모형이 자연을 완전히 설명하지 못한다는 것에 동의하지 못하는 물리학자도 없다. 그러나 표준 모형은 모든 것을 설명하는 만물 이론이 아니다.

불완전한 표준 모형

우선 완전한 모형으로 보기에 표준 모형은 너무 많은 '변수'를 가지고 있다.[39] 기본 입자의 질량이 대표적인 변수인데 이러한 변수들을 표준 모형은 알려주지 못한다. 기본 입자의 질량을 알려주는 것은 오로지 실험이다. 더 나아가 표준 모형은 기본 입자들이 가진 질량의 패턴을 설명하지 못한다. 또 명색이 통일장 이론임에도 불구하고 3개의 힘을 하나의 상수로 기술하지 못한다. 서로 독립적인 상수 3개를 방정식에 도입해야 한다. 그리고 계산 기술상의 문제도 가지고 있다. 예를 들어 힉스 입자의 질량의 값을 미세하게 보정하다 보면 차이가 100만 배 이상 나는 계산 결과가 나오기도 한다. 이것은 물리적으로 의미가 없는 계산 결과이다. 그리고 결정적으로 표준 모형은 중력을 포함하지 않는다.

물리학자들은 앞에서 열거한 문제들을 해결하기 위해서 많은 이론적인 접근을 시도했다. 대표적으로 대통일장 이론(Grand Unified Theory)은 힘의 상수를 하나만 도입한다. 전자기력, 약력, 강력 같은 3개의 힘을 한 힘의 다른 표현이라고 설명하는 것이다. 그러나 이 대통일장 모형은 여러 버전이 제안되었는데 대부분이 실험 결과와 맞지 않아 폐기되었다. 그리고 몇 개만이 현재 남아 있다.

이론적으로 힘의 통합이 매우 자연스럽게 이루어져 가장 아름답다고 여겨지는 SU(5) 같은 모형도 있는데 이 역시 자연과 맞지 않는다. 기존의 표준 모형에 몇 개의 새로운 게이지 보손을 첨가해 표준 모형의 틀을 확장하는 비교적 간단한 방법도 있다. 이 경우 이 새로운 게이지 보손들이 실험적으로 발견되어야만 한다.

이론 물리학자들이 그럴듯한 모형이라고 여기는 것 중의 하나로 기본 입자와 매개 입자 사이에 초대칭을 부과한 초대칭 모형(Super Symmetric Model, SUSY model)이 있다.

초대칭 모형

초대칭 모형은 일부 물리학자들의 각광을 받고 있으며 많은 연구가 이루어지고 있다. 이 모형은 힉스 입자의 문제를 해결하기 위해서 페르미온과 보손 사이에 대칭을 설정한 이론이다. 이 페르미온과 보손 사이의 대칭을 특별하게 '초대칭'이라고 한다.

초대칭 모형은 표준 모형을 포함한다. 즉 표준 모형이 예측할 수 있는 물리량이라면, 초대칭 모형도 모두 같은 값으로 예측할 수 있다. 다만 초대칭 모형은 표준 모형과 비교해서 변수가 너무 많고 새로운 입자 또한 너무 많다. 단순함을 사랑하는 물리학자들이 보기에 불만족스러운 모형인 것이다. 그러므로 이 초대칭 모형에는 변수를 단순화시킨 수많은 다른 버전들이 존재한다.

그림 6.1   표준 모형의 입자들과 초대칭 모형의 입자들

초대칭 모형은 앞에서 이야기한 바와 같이 페르미온과 보손 사이에 초대칭을 설정한 모형이다. 만약 이 설정이 옳다면 표준 모형에서 거론되는 모든 기본 입자들에 대응되는 초대칭 입자들이 반드시 존재해야 한다. (그림 6.1 참조) 당연히 이 입자들은 아직 발견되지 않은 새로운 입자들이다.

자연 속에 초대칭이 정말로 있다면, 기본 입자들의 수는 표준 모형이 이야기하는 기본 입자들의 정확히 2배가 된다. 예를 들어 쿼크(quark)에 대응되는 스쿼크(squark, 스칼라 쿼크(scalar quark)이다.), 글루온(gluon)에 대응되는 글루이노(gluino) 같은 입자들이 있어야 한다.

이 새로운 초대칭 입자들은 그 짝이라 할 표준 모형의 대응 입자들과 스핀 패턴이 다르다. 즉 페르미온(스핀이 반정수인 입자)인 표준 모형 기본 입자의 초대칭 입자 파트너는 보손(스핀이 정수인 입자)이다. 쿼크와 스쿼크가 그렇다. 반대로 보손인 글루온의 초대칭 짝인 글루이노는 페르미온이다. 또 스핀 1의 광자(photon)는 스핀 1/2인 포티노(photino)에 대응된다. 그러나 아직 초대칭 모형에서 예견하는 입자는 발견된 적이 없으며 현재 탐색이 계속되고 있다.

그런데 이번 힉스 입자의 발견으로 초대칭 입자 탐색이 한층 더 탄력을 받게 되었다. 그것은 힉스 입자가 125기가전자볼트라는 비교적 가벼운 질량 영역에서 발견되었기 때문이다. 왜 가볍다고 하냐면 이론적으로 힉스 입자의 질량 영역은 무려 1000기가전자볼트까지 펼쳐져 있었기 때문이다.

힉스 입자가 가벼운 것으로 판명되었기 때문에 표준 모형의 톱 쿼크에 대응되는 초대칭 입자인 스톱 쿼크(stop quark, 스칼라 톱 쿼크(scalar top quark)라고도 한다.)와 보텀 쿼크에 대응되는 스보텀 쿼크(sbottom quark, 스칼라 보텀 쿼크(scalar bottom quark)라고도 한다.) 등은 상대적으로 가벼워 야 한다는 제약을 받게 되었다. 이 제약은 이론적으로 상당히 엄중한 것이다. 실험적으로 입자가 가벼우면 가벼울수록 검출기에 걸릴 확률 이 높기 때문에 그 존재 여부를 비교적 빨리 알 수 있다. 실제로 여러 가지 초대칭 모형들 가운데 몇몇 매우 간단한 모형들은 힉스 입자의 발견으로 인해 폐기되었다.

힉스 입자의 발견은 초대칭 모형을 연구하는 물리학자들에게 이처 럼 새로운 연구 상황을 가져다주었다. 이론적으로는 가능성 있는 모 형의 후보군을 좁혀 주었고, 실험적으로는 스톱 쿼크나 스보텀 쿼크 등의 탐색에 집중하도록 만들어 주었다. 초대칭의 존재 유무는 향후 14테라전자볼트의 출력을 낼 LHC에서 반드시 알아내야 할 대상이 된 것이다.

그 외의 간단한 확장 모형들

초대칭을 부여하지 않고도 표준 모형을 약간 더 확장하여 새로운 자연의 가능성을 묘사할 수도 있다. 수학에서 가장 간단한 군 3개를 조합하여(U(1)×SU(2)×SU(3)) 힘과 기본 입사 늘의 상호 작용을 매우 잘 설명하는 이론인 표준 모형을 제일 간단히 확장할 수 있는 방법은 3개 의 군에 다른 간단한 군을 덧붙이는 것이다. 예를 들어 또 다른 U(1)

군을 붙이는 방법이 가장 간단할 것이다. 다음으로 간단한 것은 물론 SU(2) 군을 덧붙이는 것이다.

이런 식으로 표준 모형을 확장한 모형들에서는 표준 모형의 SU(2) 군에서 도출되는 $W^{\pm}$ 및 Z 보손 외에 더 무거운 게이지 보손이 등장한다. 예를 들어 기존의 표준 모형에 또 다른 SU(2) 대칭성을 부여한 확장 모형에서는 $W^{\pm}$ 및 Z 보손 말고도 또 다른 3개의 게이지 보손이 부가적으로 요구된다. 이것을 보통 W' 및 Z'이라고 한다. 물론 SU(2) 대신에 간단히 U(1) 군을 접목시켜도 새로운 게이지 보손을 얻어낼 수가 있다. 이 경우에는 Z'만 여분으로 생긴다. 물리학자들은 많은 경우 후자의 방식에 따라 확장 모형을 만들어 낸다. 후자의 방식이 보다 단순하기 때문이다. U(1) 군만 덧붙이는 경우 새로 생기는 힘의 구조가 매우 간단하다. 반면에 SU(2) 군을 덧붙이는 경우에는 힘의 구조가 녹록지 않게 변하게 된다. (새로운 게이지 보손이 발견되었다는 것은 새로운 힘이 발견되었다는 것이다.) 이런 이유에서 여분의 게이지 입자를 도입하는 이론에서 Z'만을 요구하는 모형이 압도적으로 많다.

E(6)(6차원 유클리드군), SO(10)(10차원 SO 군) 및 GUT(Grand Unified Theory, 대통일장 이론) 모형에서도 다수의 중성 보손이 등장하고, 그 외에도 여분의 U(1) 게이지 대칭성을 지니는 초대칭 모형들이 많이 있으며, 초끈(string theory)에서 유도되는 모형들도 일반적으로 U(1) 대칭성을 많이 가진다. 즉 여분의 게이지 입자는 새로운 물리 법칙들에 자연스럽게 등장하는 입자들이며 이들의 존재 여부는 초대칭 입자 등과 더불어 현대 입자 물리학에서 중요한 문제가 아닐 수 없다.

통상적으로 Z', W'이라고 불리는 이 여분의 게이지 입자들은 미국 페르미 연구소의 테바트론을 이용한 양성자-반양성자 충돌 실험을 통해 탐색되어 왔고, LHC에서도 매우 중요한 탐색의 대상으로 계속 연구가 진행되고 있다. 여분의 게이지 입자는 그 생성과 붕괴 과정이 상대적으로 간단해서 LHC와 같은 강입자 충돌기에서 탐색이 매우 용이하다.

이 입자들은 반드시 경입자로 붕괴하는데, 일반적으로 검출기는 경입자 검출이 용이하도록 제작된다. 실제로 실험 물리학자들이 새로운 입자를 탐색할 때 가장 우선시하는 채널은 경입자만을 포함하는 채널이다. 따라서 테라 스케일의 질량을 가진 여분의 게이지 입자가 자연계에 존재한다면 LHC에서 가장 먼저 발견될 새로운 입자가 될 가능성이 높다.

이 입자들의 탐색은 주로 무거운 중성 게이지 보손이 전자와 양전자 또는 두 뮤온 등 경입자 쌍으로 붕괴, 즉 $pp{\rightarrow}e^+e^-, \mu^+\mu^-, \tau^+\tau^-$ 하는 경우[40]와 하전된 무거운 게이지 보손이 전자나 뮤온 등 하전된 경입자와 해당되는 중성미자로 붕괴, 즉 $pp{\rightarrow}e\nu, \mu\nu$ 하는 경우이다.

LHC의 CMS와 ATLAS 실험 그룹에서는 이 경입자로 붕괴하는 채널들을 가장 중요한 탐색 대상의 하나로 눈여겨보고 있다. 이 채널들은 마치 태풍 경보 또는 주의보와 같은 것으로 새로운 입자가 발견될 경우 그 징후를 가장 먼저 보여 줄 수 있는 채널이다. 새로운 입자가 나타날 경우 붕괴 형태가 복잡한 다른 채널에는 나타나고 경입자만으로 붕괴하는 이 채널에는 나타나지 않는 경우는 매우 드물기도 하다.

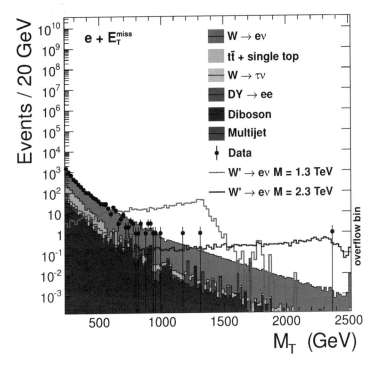

그림 6.2 LHC에서 W′ 입자 탐색. 아직 발견되지 않았으나 질량의 하한선은 정해져 있다.
그래프에서 오른쪽 끝에 떨어져 있는 사건을 주목할 필요가 있다. 이 사건은
약 2.3테라전자볼트라는 매우 높은 에너지에서 일어났다. 이러한 고에너지의 사건이
배경 사건일 확률은 0.1퍼센트로서 매우 낮다. 물론 이 사건이 단지 통계적 요동일 수도 있으나,
매우 높은 에너지를 가진 미발견 입자의 꼬리 부분일 수도 있다.

이 채널들이 주목을 받는 또 다른 이유는, 이 채널에서 여태껏 관측
되지 않았던 매우 높은 에너지의 사건들이 일어나는 것처럼 보이기 때
문이다. 물론 이것이 실제 입자의 존재 유무를 의미하는 사건이 아니
고 단순한 통계적 요동일 수도 있지만, 숨겨진 자연의 비밀을 폭로하는

'진짜 사건'일 수도 있기 때문이다. 따라서 이들 채널에 대해서 매우 세심한 주의를 기울일 필요가 있다. 게다가 14테라전자볼트 에너지의 LHC에서 무엇이 나올지 아무도 모르지 않는가? 물리학자들은 이 채널에 정말로 큰 기대를 걸고 있는 실정이다.

표준 모형을 포함하는 더 거대한 구조의 모형이 있을지도 모른다. 그것이 초대칭 모형일지, 간단한 확장 모형일지 아직은 모른다. 그러나 자연을 근본적으로 이해하기 위한 인류의 열정은 LHC까지 왔다. 비록 새로운 모형과 이론을 검증하기에 많은 시간이 걸릴지 모르겠지만 앞에서 설명했던 새로운 탐색들은 분명 어떤 형태로든 성과를 낼 것이다. 그리고 인류의 지식은 그만큼 한 발 한 발 앞으로 전진할 수 있을 것이다.

블랙홀이 지구를 삼킨다?

2008년 9월을 전후로 해서 CERN에서 실험이 시작되면 입자들의 충돌로 인해 블랙홀이 생성되어 CERN을 기점으로 지구 전체가 블랙홀로 변하여 지구를 멸망시킬 것이라며, LHC의 가동을 중단하라는 개인과 단체 등의 압력이 있었다. 그럴듯하지도 않은 동영상이 유투브 등을 중심으로 퍼져나가면서 생긴 유언비어가 만든 소동이었다. 지금도 이 영상이 있는데 최근까지도 실험을 당장 중단하라는 댓글이 달리고 있다.

재미있는 것은 이러한 검증되지 않은 소문은 비과학적 상상력과 첨단 네트워크 시스템과 결합해 마치 매우 과학적인 것처럼 포장된다는 것이다. 현대 사회에서는 언론 등 대중 매체를 통해 특정 과학 용어를 중심으로 과학 대중화가 이루어진 것은 분명 사실이다. 과학 지식은 과거에 비하면 더 많은 사람들에게, 더 넓게 보급되어 있다. 그러나 동시에 정확성은 결여된 애매한 과학 지식이 확산되는 결과를 가져오기도 했다. 더욱이 이에 가세한 과학자들도 있었다.

소위 블랙홀이 모든 것을 빨아들인다는 것쯤은 일반인도 다 아는 사실이다. LHC 실험으로 블랙홀이 생성되어 이를 연구할 수 있다고 하므로, 그렇다면 그 블랙홀로 인해 지구의 종말이 오지 않을까 하는 것도 나름 그럴듯한 상상이라 할 것이다. 비단 블랙홀만이 아니다. 종종 가속기라는 기계로 말미암아 지구가 엄청난 재난을 입을 것이라는 이야기도 대중 매체에서는 종종 다뤄져 왔다. 대중 매체만 보자면 가속기는 첨단 기술의 결정체인 동시에 재앙의 원천이다.

결론부터 이야기하면 만약에 블랙홀이 입자 충돌 실험을 통해 생성되더라도 그 블랙홀이 지구를 빨아들이는 일은 결코 일어나지 않는다. 그런데 이러한 허구가 일반인들에게 진실로 받아들이게 된 데에는 이를 연구하는 실험자들의 공도 분명히 있다. 바로 CERN이 자신들의 연구를 홍보할 때 이 블랙홀 생성을 활용했기 때문이다.

가속기를 이용해 우주의 근본 원리와 그 현상을 이해하려는 노력에는 매우 많은 비용이 소요된다. 부득이 물리학자들은 정부(또는 CERN 같은 경우는 EU)와 시민들을 설득하여 건설 비용을 마련하여야 한다. 세금을 내는 주체인 일반 대중에게 좋은 인상을 심어 줄 필요가 있는 것이다. 따라서 블랙홀 개념이 대중 사이에서 인지도가 높고 인기가 있음을 안 CERN에서는 블랙홀을 가속기 충돌 실험을 통해 생성시킬 수 있다는 사실을 선전에 활용했다.

이것은 부메랑으로 돌아왔다. 모든 것을 빨아들이는 무시무시한 블랙홀이라는 개념은 대중 사이에서 지구의 종말을 가져올 재앙의 원천으로 확장되었고 결국 LHC 가동 반대 캠페인으로까지 나아갔다.

LHC 실험에서 관측하려고 하는 블랙홀은 우주에서 관측되고 있는 블랙홀(즉 별)과는 다르다. 입자 충돌 실험에서 생기는 블랙홀은 기본 입자 크기의 초소형 블랙홀(mini black hole)이다. 이 초소형 블랙홀을 설명하려면 중력을 양자 역학적으로 설명할 수 있어야 한다.

아인슈타인 이래 수많은 물리학자들이 중력을 양자화하기 위해 노력했으나 실패했다. 하지만 그 노력들의 부산물로서 양자 중력(Quantum Gravity)이라는 이론적 토대가 만들어졌고, 최근에는 우리가 사는 3차원(시간까지 고려하면 4차원) 외에 다른 공간 차원이 있다는 이른바 여분 차원(Extra Dimension) 이론이 나오면서 중력의 양자화 가능성은 조금 더 높아졌다. 이 여분 차원 이론의 해명 과정에 초소형 블랙홀이 등장한다.

LHC의 가동으로 강입자의 충돌을 통해 초소형 블랙홀이 생성될 수가 있다. 그러나 생성된 블랙홀의 수명은 약 10^{-27}초에 불과하다. 생성되자마자 찰나에 호킹 복사(Hawking Radiation)를 하고는 붕괴한다. 즉 초소형 블랙홀은 생성 즉시 다른 입자로 변한다는 것이다. 그러므로 LHC에서 초소형 블랙홀이 생성되더라도 순식간에 붕괴해 버리므로 이 블랙홀이 지구를 빨아들이는 일은 결코 없다.

미니 블랙홀을 이해하기 위해 양자 중력과 여분 차원이 무엇인지를 알아야 한다. LHC를 둘러싼 블랙홀 소동은 물리학자들로 하여금 대중에게 양자 중력과 여분 차원을 설명할 수밖에 없는 상황으로 몰아넣었다. 어쩌면 전화위복일지도 모른다.

초끈 이론과 여분 차원

영화 「왕의 남자」를 보면 극 중의 주인공이 외줄타기를 한다. 영화의 줄타기는 주인공이 한평생 임과 이어질 수 없음을 상징한다. 외줄 위에서는 앞으로 가거나 뒤로 갈 수밖에 없다. 왼쪽으로나 오른쪽으로는 불가능하며 위로나 아래로도 불가능하다. 오직 앞으로나 뒤로밖에는 갈 수가 없다. 즉 외줄을 타는 광대는 오직 1차원만 경험할 수 있는 것이다. 그러나 이 외줄 위의 줄보다 작은 벌레는 둥근 줄 위를 전후좌우로 돌아다닐 수 있어 벌레가 경험하는 차원은 1차원이 아닌 2차원이다.

물론 우리가 사는 세계는 3차원이다. 3차원의 공간은 간단히 x, y, z의 좌표계로 해석할 수 있고 미래로 흐르는 시간을 포함하면 4차원이 된다. 그런데 물리학자들은 공간에 3차원 외에 또 다른 차원이 있을 수도 있다고 주장한다. 마치 허무맹랑한 소리처럼 들리지만 우리가 사는 3차원 외에 또 다른 차원이 있다는 물리학적인 이야기는 실제적인 세계일 수도 있다. 앞의 외줄타기의 예처럼 또 다른 차원이 우리가 일

그림 6.3　외줄은 광대의 입장에서는 1차원이지만 외줄 위를 기어다니는 벌레의 입장에서는 전후좌우로 움직일 수 있어 2차원이다.

상 생활에서는 느낄 수 없는 매우 작은 차원이라면 말이다.

　아인슈타인의 일반 상대성 이론에 따르면 공간은 확장되거나 줄어들 수 있고 휘어질 수도 있다. 뉴턴의 만유인력 법칙이 두 물체 사이의 거리를 가지고 중력을 설명하는 것에 비해 일반 상대성 이론은 두 물체에 의해 휘어진 공간을 가지고 중력의 법칙을 설명한다. 만약에 어떤 한 방향(차원)이 원자보다 훨씬 더 작게 줄어든다면 우리는 그 차원을 볼 수가 없을 것이다. 즉 이렇게 차원은 존재하나 너무 작아 볼 수가 없는 것을 '여분 차원'이라고 한다. 이 여분 차원은 1개일 수도 있고 이론에 따라 무수히 많을 수가 있다.

　중력을 다른 세 힘과 통일하려는 노력은 최근까지 수없이 시도되어 왔다. 그중에는 네 가지 힘을 모두 하나로 합칠 수도 있고 우주 만물을 다 해석할 수도 있는 모형이 아닐까 하여 '모든 것에 대한 이론, 즉 만물 이론(Theory of Everything)'이라는 명칭이 붙었던 초끈 이론이 있다. 정말 모든 것을 설명할 수 있는 이론인지는 실험으로 검증되어야 한다. 문제는 이러한 실험을 뒷받침할 만한 증거가 초끈 이론에는 없었다는 데 있었다. 즉 실험으로 검증할 만한 단서를 이 이론이 제공해 줘야 근본적으로 초끈 개념이 맞는지를 판단할 수가 있는데 없었던 것이다.

여분 차원 이론은 실험적으로 검증할 단서조차 마련하지 못한 초끈 이론, 또는 그 기본 개념 자체를 실험적으로 다룰 수 있는 단초를 마련해 주는 것 같다. 여분 차원 이론은 우리가 사는 4차원 시공간에 우리가 느끼지 못할 정도로 극한적으로 작은 차원이 여러 개 존재한다고 주장한다. 이러한 4차원을 넘어 고차원의 시공간에 포함된 부분 공간에 우리 우주가 존재한다는 것이다. 우주에 존재하는 기본 힘 중에 중력을 제외한 다른 세 힘과 이 힘들에 의해 상호 작용하는 쿼크와 경입자 등 모든 기본 입자들이 이 부분 공간에 구속되어 있다.

이 이야기는 매우 중요하다. 만약 여분 차원이 존재한다면 중력이 강해지는 에너지 크기가 테라전자볼트 정도로 낮아져 우리가 여태까지 실험을 통해 그 물리 현상을 알아낸 강력, 전자기력 및 약력의 에너지 스케일과 다름이 없다는 이야기가 된다. 그러므로 여태껏 불가능한 것으로 여겨졌던 중력 관련 현상을 가속기를 이용해 연구할 수 있게 된다. 즉 중력을 제외한 다른 3개의 힘을 일으키는 광자(빛), W, Z 보손 및 글루온 말고 중력을 전달하는 중력자(Graviton)에 의한 상호 작용을 실험적으로 검증할 수 있다는 이야기가 된다. 쿼크와 쿼크를 충돌시켜 글루온을 통해 일어나는 상호 작용을 알아내는 것처럼 똑같이 중력자가 매개하는 상호 작용과 반응도 알아낼 수 있는 것이다. 이러한 현상이 일어나는 에너지 스케일이 테라전자볼트 정도이므로 여분 차원을 LHC에서 검증을 할 수 있다.[41]

여분 차원이 더욱더 흥미를 끄는 이유는 LHC의 입자 충돌 실험에서 블랙홀이 생성될 수 있기 때문이다. 이것을 앞에서 '초소형 블랙홀'이라고 하는데 이 초소형 블랙홀은 양자적 현상이므로 중력이 일으키는 양자 역학적 현상에 대한 정보를 제공해 줄 수 있을 것이다. 만약 우리가 이 현상에 대한 데이터를 충분히 얻게 되면 여태껏 중력의 완벽한 양자화가 이루어지지 않아 불가능했던 것으로 여겨졌던 네 가지 힘의 통일이 가능해질지도 모른다. 생성된 초소형 블랙홀은 생기자마자 매우 많은 쿼크들로 붕괴되기 때문에 기존에 알려진 여러 물리 현상과 구별되므로 실험으로 쉽게 검출할 수 있다.

현재 밝혀진 바에 따르면 우리가 예측하는 것보다 우주는 훨씬 더 빠른 속도로 팽창하고 있다. 우주의 모든 별들의 운동은 중력을 기반으로 한다. 중력에 의해 우주의 은하, 성단, 블랙홀 또는 모든 다른 별들의 운동이 설명된다. 그러나 다른 한편으로는 이미 기술했다시피 우주에 존재하는 중력처럼 기본적인 힘이 중력 외에 세 가지 더 있는데 전자기력, 강력 및 약력이 바로 그것이다. 그런데 이 힘들을 절대적인 크기로 비교하면 중력이 자연에 존재하는 힘 중에 가장 작다. 가장 큰 힘인 강력의 크기가 1임에 비해 중력은 10^{-38}로서 매우 작다.[42]

힘	상대적 크기	비고
중력	10^{38}	거시 세계의 모든 운동 현상에 관여
전자기력	10^2	전자기 현상과 원자 형성에 관여
강력	1	원자핵, 핵자 구성에 관여
약력	10^{-5}	원자핵의 안정화에 관여

표 6.1 자연에 존재하는 네 가지 힘과 그 절대적 크기 비교

여분 차원이 있을 것이라는 가정을 하면 왜 우주가 우리가 예측하는 것보다 훨씬 빨리 팽창하는가를 설명할 수 있으며 왜 중력이 자연의 다른 힘보다 훨씬 작은가도 설명할 수가 있다. 그리고 초소형 블랙홀도 만들어 낼 수가 있다. 여분 차원은 크기가 수 밀리미터에서 작게는 10^{-33}센티미터까지 여러 가지가 있을 수 있다. 우리 우주에는 과연 어떤 여분 차원이 있을까? 낯설지만 흥미롭고, 물리학적으로도 막강한 이 이론은 여하튼 실험적으로 증명되어야 한다. LHC의 물리학자들이 보내줄 새로운 소식을 기대해 보자.

팽창하는 우주

우리 인간은 그때그때 보이는 것을 바탕으로 그때그때의 제한적 인지에 따라 '우주'를 정의해 왔다. 어느 나라나 우리가 사는 지구와 우주에 대한 옛날 사람들의 세계관 또는 우주관은 매우 비슷하다. 당시에 보이는 것을 바탕으로 구성했기 때문인데 어느 특정 지역이라고 그

비슷한 양상이 달라질 일이 없기 때문이다.

중근동 지방의 사람들이 생각한 우주관은 오늘날 기독교 성경을 통해 잘 알려져 있다. 지구는 편평하며 그 안에 산과 계곡 등이 있으며 하늘은 둥근 반구형의 천장으로 지구로부터 같은 거리에 천장에 태양, 달 그리고 별들이 운행하므로 지구로부터 같은 거리에 모든 천체가 있다고 믿었다. 신은 그 반구 너머에 있는 것으로 상상되었다. 고대 중국인이나 고대 인도인 등도 매우 비슷한 우주관을 내놓았다. 그들이 인지하고 있었던 세계는 지구의 북반구 중에 어느 한 작은 부분에 한정될 수밖에 없었던 것에 주목하면 왜 그 우주관들이 비슷한지 쉽게 이해할 수 있을 것이다.

천동설이 지동설로 대체되기 시작한 16세기만 해도 인간의 우주는 태양계를 넘어서지 못했다. 물론 수많은 별들을 볼 수 있었어도 그것을 정량적, 정성적으로 해석할 수는 없었다. 태양계 밖으로 인간의 시야가 넓어지기 시작된 것은 무릇 18세기에 와서이다. 수천 년 동안 인류가 생각해 온 우주의 크기는 매우 한정되어 있었다.

18세기 영국의 윌리엄 허셜(William Hershel, 1738~1822년. 천왕성을 발견하기도 했던 근대 천문학의 선구자)에 의해서 우주에 대한 근대적 체계가 잡히기 시작한다. 허셜은 당시 가장 큰 망원경을 이용해 별을 직접 관찰하기 시작했으며 이를 통해 최초로 우주의 크기를 가늠하려 시도했다. 그는 관찰을 통해 우주는 길게 퍼져 있는 형태로 길이가 약 5,000광년으로 그 중심 부근에 태양계가 있다고 주장했다.

20세기 초 미국의 할로 섀플리(Harlow Shapley, 1882~1975년)는 은하계

그림 6.4 기독교 성경의 우주관을 묘사한 중세의 삽화. 고대 세계의 우주관은 장소에 상관없이 이와 유사하다.

는 길이가 약 10만 광년, 폭이 약 3만 광년의 렌즈 형태를 띠고 태양은 은하 중심(사수자리)에서 약 3만 광년 떨어진 곳에 위치한 평범한 별이라는 것을 밝혀냈다. 인간도, 지구도, 태양도 우주의 중심이 아니었음이 차례차례 밝혀져 온 것이다.

결국 20세기 초반 은하계가 우주의 전부라 믿었던 믿음조차 깨졌다. 은하계가 수백억 개 있는 곳이 바로 우리 우주라는 발견이 나왔기 때문이다. 우리 우주는 그 크기가 대략 150억 광년으로 추정된다.

인류의 우주는 앎이 커지고 발전함에 따라 무서운 속도로 팽창해 왔다. 지구에서 태양계로, 은하계와 은하단, 그리고 그 너머로 시대가 바뀜에 따라 150억 광년까지 팽창되었다. 우리 머릿속의 우주와 마찬가지로 실제 우주 역시 팽창하고 있다. 우주가 팽창한다는 것은 시작점이 있다는 뜻도 된다.

오늘날 학자들은 우주가 먼 옛날 하나의 점에서 시작되어 오늘날까지 팽창을 계속하여 지금의 크기를 갖게 되었다고 믿는다. 고로 시간을 거슬러 올라가면 우주는 한 점에 모이게 된다. 태초의 엄청난 복사 에너지가 폭발을 야기하여 그 후에 온도가 내려감에 따라 기본 입자가 만들어지고 이어서 원자가 형성되었다. 이렇게 팽창을 거듭할수록 우주 공간의 온도는 내려가고 현재 온도는 매우 차가워져 2.7켈빈(K) (섭씨 -270도)에 이른다.

우리는 오로지 4퍼센트만 알고 있다

대폭발로 복사 에너지가 물질로 바뀌고 별이 생성되고 은하가 형성되고 150억 년이 지났다. 은하는 별의 집합체이니 별들이 물질로 이루어져 있음은 두말할 나위가 없다. 그런데 우주의 질량을 은하들을 토대로 추정한 값은 물질이 4퍼센트 정도밖에 되지 않는다. 은하가 물질에 의해 이루어져 있음에도 나머지 96퍼센트의 질량은 우리가 모른다. 이중 암흑 물질(dark matter)이 23퍼센트이고 암흑 에너지(dark energy)가 73퍼센트로서 우주 질량 대부분이 우리가 여태 측정하지 못한 어떤 것으로 이루어져 있다는 것이다.

일반적으로 암흑이라 함은 물리적으로 우리가 실험적으로 찾지 못하는 또는 찾기 어려운 것으로 분류된다. 찾아내기 어렵다는 의미는 그 물질(또는 에너지)이 반응을 매우 약하게 한다는 의미이다. 즉 우리가 물질을 찾는 다는 것은 찾고자 하는 대상이 우리가 만든 계기(검출기)의 물질과 반응해 그 흔적으로부터 알아내는 것인데 만약 그 입자가 물질과 매우 약하게 반응한다면 검출기에 걸리지 않을 것이다. 바로 중성미자가 대표적이다. 이 입자는 검출기에 거의 걸리지 않아 검출이 되지 않는데 그렇다고 우리가 그 흔적을 모르는 것은 아니다. 즉 어떤 다른 입자와 함께 중성미자가 생성되었다면 운동량은 항상 보존되기 때문에 측정할 수 있는 다른 입자로 비추어 검출기에 나타나지 않은 중성미자의 운동량을 유추해 낼 수 있다.

중성미자가 암흑 물질이나 에너지라는 이야기는 아니다. 그러나 우주 질량의 대부분을 차지하고 있는 암흑 물질과 에너지가 중성미자처럼 물질과 거의 상호 작용하지 않는 것들이다. 중성미자처럼 물질과 거의 반응하지 않는 이러한 입자가 우주 공간을 채우고 있지 않고서야 암흑 물질을 달리 해석할 수는 없다.

LHC 실험은 이 암흑 물질을 찾는 탐구도 아울러 수행하고 있다. 암흑 물질의 가장 그럴듯한 후보 입자로서 초대칭 모형에서는 뉴트랄리노라는 입자를 추천한다. 이 입자는 중성미자처럼 물질과 거의 반응을 하지 않는다. 양성자 충돌에서 생성된 초대칭 입자들은 여러 입자로 붕괴하다가 최종적으로는 가장 가벼운 초대칭 입자인 뉴트랄리노로 붕괴할 것이라고 추정된다. 따라서 우리가 초대칭 입자를 발견한다면 뉴트랄리노부터 발견될 것이다. 그리고 만약 이 뉴트랄리노가 암흑 물질이라면 초대칭 입자의 발견은 곧바로 암흑 물질의 발견으로 이어질 것이다. 이런 측면에서 초대칭 입자를 발견하려는 LHC의 실험은 암흑 물질을 발견하려는 다른 여러 실험들과 함께 암흑 물질의 비밀을 밝히는 데 나름의 공헌을 할 수 있을 것이다.

입자 물리학과 LHC의 미래

힉스 입자가 발견되고 이 분야는 무엇보다도 자연의 이해라는 측면에서 미래에 무슨 일이 일어날 것인가에 그 어느 때보다 관심이 높다. 당연히 입자가 발견된 LHC 실험은 탄력을 더 받을 것인데 향후 어떻게 진행될 것이며 물리 현상을 찾기 위한 미래의 가속기 프로젝트에 관하여 2050년 정도까지 조망하고자 한다.

LHC는 2013년 2월까지 8테라전자볼트 에너지에서의 데이터 획득을 수행하고 가속기는 2년 동안 가동을 멈추게 된다. 이 기간 동안 LHC는 14테라전자볼트[43]에서의 가동을 위해 가속기 부품을 교체한다. 그 이후 LHC는 향후 15년 동안 14테라전자볼트의 에너지에서 더 많은 데이터를 획득하여 발견된 힉스 입자의 성질을 좀 더 정밀하게 측정하며 더 나아가 있을지도 모를 새로운 물리 현상의 탐색에 주력할 것이다. 이와 아울러 본래 설계 에너지인 14테라전자볼트를 넘어선 대기획이 LHC에 의해 기획되고 있다.

다른 한편으로 지난 10여 년 동안 기획되어 왔고 가속기와 검출기에 대한 연구가 지속되어 왔던 국제 선형 가속기가 힉스 입자의 발견으로 건설을 위한 움직임이 있고 이와 같은 선상에서 100테라전자볼트의 양성자 충돌의 원형 가속기에 대한 논의가 매우 활발히 진행되고 있다. 물론 둘 모두를 건설할 수는 없다.

새로운 에너지인 14테라전자볼트에서의 LHC 작동은 매우 중요하다. 인류가 성취하는 가장 높은 에너지인데다가 획득할 데이터의 양이 여태까지 취한 것보다 10배 이상이기 때문이다. 사실 LHC 실험의 본론은 이제부터 시작인 셈이다. 새로운 현상의 존재하는지의 여부를 판명하기 위해 지금부터 향후 15년 LHC 실험은 매우 중요하다.

CERN은 그 기간이 끝나고 나서도 이후 40년간 지금 LHC가 건설되어 있는 지하 터널에서 어떤 실험을 할지 모든 가능성을 타진하고 있다. 2020년 정도까지 14테라전자볼트의 양성자-양성자 충돌 실험을 수행한 후에 슈퍼 LHC(Super-LHC)라고 불리는 가속기와 검출기의 대규모 업그레이드를 거쳐 방대한 데이터의 획득을 위한 '고휘도 환경에서의 14테라전자볼트 충돌(HL-LHC, High Luminosity-LHC)'라는 실험을 2030년 정도까지 수행할 계획이다. 획득 목표 데이터양은 3,000인버스펨토반$^{(fb^{-1})}$로서 2020년 정도까지 14테라전자볼트 LHC 실험에서 획득할 양보다 10배 이상 크다. 이 계획은 이미 확정되어 있다.

2030년대 이후에 어떻게 할 것인가는 가능한 시나리오를 구상 중에 있다. 현재 가능성이 높은 시나리오로서 고에너지 LHC(High Energy-LHC)라는 이름으로 양성자-양성자 충돌 에너지를 33테라전자볼트로 높여 새로운 물리 현상의 탐색에 진력한다는 기획이 나오고 있다. 최

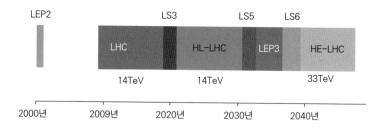

그림 6.5　LHC의 향후 30여 년간의 가동 계획.

근의 기술의 발달로 주어진 LHC 터널에 새로운 고전압 장치를 장착하면 에너지를 33 테라전자볼트까지 끌어올릴 수 있다.

고휘도-LHC는 확정적이고 고에너지-LHC는 현재의 기술과 앞으로 진전될 미래 기술을 고려할 때 가능하다.

미래형 원형 가속기 프로젝트

표준 모형의 엄중한 검증을 위해서는 힉스 입자와 다른 입자의 상호 작용 등 여러 관련 물리 현상을 수 퍼센트 이내의 오차로 측정해야 한다. 이론적 계산으로야 이 정도의 정확성을 가진 결과는 몇 년 내에 낼 수 있다. 비록 LHC를 사용할지라도 1퍼센트 내의 오차로 새로이 발견된 힉스 입자의 물리 현상을 측정하는 것은 불가능하다. 소위 고휘도 환경에서일지라도 5퍼센트 정도의 측정 오차가 항상 예상된다. 게다가 LHC는 양성자-양성자 충돌 실험을 통한 새로운 입자 발견을 주

목적으로 하는 강입자 충돌형 가속기이다. 정밀 측정을 하려면 경입자를 빔으로 쓰는 가속기를 써야 한다.

얼핏 보면 세계 물리학계가 LHC의 차세대 가속기로서 경입자 충돌형 가속기를 선호하는 경향을 보이는 것처럼도 보인다. 경입자는 기본 입자이므로 그들이 충돌 전 가지고 있는 에너지 모두가 충돌 후 생성되는 입자들의 에너지로 사용된다. 그러므로 새로이 발견된 입자의 질량에 에너지를 맞춰 경입자를 충돌시키면 엄청난 양의 입자를 생성시킬 수가 있다.

경입자 가속기의 선호는 발견된 힉스 입자의 정밀 측정의 관점에서는 맞는다. 그러나 현재의 물리적 상황을 직시할 때 꼭 경입자 선형 가속기 프로젝트만 있는 것은 아니다. 비록 힉스 입자 발견으로 힉스 입자에 대한 정밀 측정에 강한 선형 가속기가 후속 가속기 후보로서 가능할 지라도 문제는 선형 가속기가 힉스의 정밀 측정 외에는 다른 뾰족한 물리적 측정의 장점이 없는데 이것은 현재 설계를 바탕으로 에너지가 높지 않다는 데 있다.

주지하다시피 LHC는 2015년에 시작될 14테라전자볼트 에너지에서의 실험이 시작된다. 말할 필요도 없이 LHC 실험 그룹은 새로운 입자의 발견을 위해 전력을 기울일 것이다. 현재 있을 가능성이 있는 새로운 입자의 탐색 질량 영역이 대부분 1테라전자볼트 이상으로 그 이하는 이미 LHC에 의해 제외되었다. 14테라전자볼트 에너지에서의 실험으로 새로운 입자 발견이 될 경우와 발견하지 못할 경우를 상정할 수 있다. 발견이 될 경우, 그 입자의 질량은 최소한 1테라전자볼트 이상일 것이므로 현재 기획되고 있는 선형 가속기의 에너지에서는 힉스 입자 외에 발견된 다른 입자를 전혀 생성시킬 수 없다. 발견이 안 될 경우, 선형 가속기를 이용해 이미 발견된 힉스 입자의 정밀 측정도 좋지만 에너지를 더 높여 새로운 물리 현상을 발견하는 데 치중해야 하므로 양성자를 이용한 100테라전자볼트 정도의 에너지의 미래형 원형 가속기를 건설해야 한다는 논리이다.

힉스 입자의 물리량에 대한 정밀 측정을 전자-양전자 충돌을 통해 수행하고 그 후 100테라전자볼트의 양성자 충돌을 한다는 야심찬 기획이 현재 이루어지고 있다. CERN에 의해 시작된 이 프로젝트는 미래형 원형 충돌기(Future Circular Collider, FCC)라는 이름으로 불린다.

FCC의 요점은 현재 존재하는 LHC 링보다 둘레가 3배 이상 큰 약 100킬로미터의 링을 설치하고 그 안에서 전자와 양전자를 충돌시켜 힉스 입자의 정밀 측정을 수행하고 후에 100테라전자볼트 에너지의 양성자-양성자 충돌 실험을 하자는 것이다. 전자-양전자 충돌 프로젝트를 TLEP(Triple Large Electron-Positron)이라고 하고 양성자-양성자 충돌 프로젝트를 VHE-LHC(Very High Energy LHC)라고 이른다.

TLEP은 빔 하나의 에너지를 120기가전자볼트에 맞춰 빔 충돌 시 240기가전자볼트의 에너지를 생성하고, 그 충돌 에너지에서 힉스 입자를 생성시키자는 것이다. 만약 이 기획이 실현된다면 최근의 기술 발달로 충돌 비율을 높일 수 있기 때문에 엄청난 양의 힉스 입자를 양산할 수 있다. 그래서 TLEP을 '힉스 공장(Higgs Factory)'이라고 부르기도 한다.

TLEP의 장점은 현존하는 LHC를 에너지 부스터로 사용할 수 있고 CERN이 보유하고 있는 최첨단의 데이터 획득, 유지 등의 전문 역량을 이용할 수 있다는 것이다. 이 장점들은 TLEP의 건설에 소요되는 비용을 절감할 수 있는 요소로 작용할 것이다. 건설된 새 터널을 향후 양성자-양성자 충돌 가속기를 설치할 수 있어 같은 터널에 새로운 강입자 충돌형 가속기를 건설할 수 있어 두 종류의 가속기를 동시에 작동시

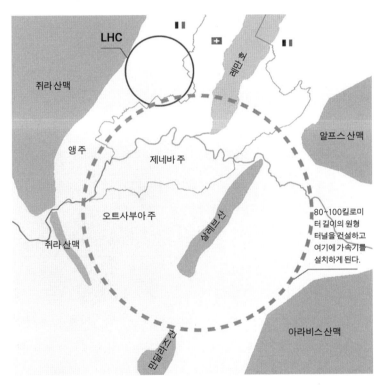

그림 6.6 CERN이 기획하고 있는 미래형 원형 충돌기. 둘레 100킬로미터 정도의 새 터널에 가속기와 검출기를 설치하고, 기존의 LHC는 초기 에너지 부스터로 쓰이게 된다.

킬 수 있도록 설계할 수 있다는 것도 또 하나의 장점이다.

미래형 선형 가속기 프로젝트

전 세계의 연구소와 대학 들의 컨소시엄에 의해 추진되고 있는, 수백 기가전자볼트 급의 전자 가속기인 국제 선형 가속기(International Linear Collider, ILC) 프로젝트가 있다. 이 가속기는 길이가 30킬로미터에 달하고, 0.5테라전자볼트에서 시작해 단계적으로 1테라전자볼트까지 에너지를 올릴 수 있도록 설계되어 있다.

뮤온 충돌형 가속기에 비해 이미 기술적으로 증명된 초전도 가속 기술을 채택하고 있어 건설하기 용이하다. 전체 소요 비용은 약 67억 달러로 추정되고 있다. 이 프로젝트에 참여하고 있는 학자들은 ILC의 가속기뿐만이 아니라 검출기 영역에서도 새로운 설계를 진행하고 있다. 이 프로젝트에 사용될 차세대 검출기에 관한 연구 개발은 오래전부터 수행되어 오고 있는데 이를 바탕으로 한 것이다.

다른 한편으로 CERN에 의해 주도되고 있는 선형 가속기 개발 프로젝트도 있다. CLIC(Compact Linear Collider)라는 이름인데, 이 충돌형 가속기는 길이가 거의 50킬로미터이고 궁극적으로 3테라전자볼트 에너지 목표로 하고 있다. CERN의 개발자들은 이 가속기를 위해 새로운 기술들을 제안하고 있다. 최근에 CLIC과 ILC 프로젝트는 같이 연구를 하도록 병합되었다.

ILC과 CLIC의 설계는 이론적으로 폭넓게 연구되어 왔지만 이들이

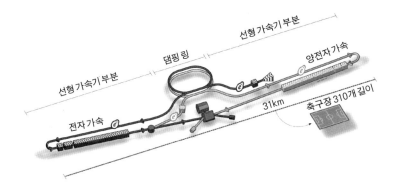

선형 가속기부분
댐핑 링
선형 가속기부분
양전자 가속
전자 가속
31km
축구장 310개 길이

그림 6.7 ILC의 조감도. 가속기 전체 길이는 31킬로미터에 이른다.

건설되어 순조롭게 작동될지는 불투명하다. SLAC의 100기가전자볼트 정도의 에너지의 SLC가 순항을 하는 데도 많은 기간이 필요했고 특히 원하는 양의 데이터를 얻는 데 애를 먹은 경험으로 미루어볼 때, ILC 또는 CLIC은 훨씬 더 어려울 전망이다.

그럼에도 불구하고 물리학자들은 선형 가속기를 LHC에 이은 차세대 가속기의 좋은 후보로 여기고 있다. 우선 힉스 입자의 검증을 위해 250기가전자볼트로 가동을 시작하고 500기가전자볼트까지 에너지를 업그레이드하는 단계를 거친다. 이 단계에서 힉스가 어떻게 그 자신과 반응하며 톱 쿼크 같은 가장 무거운 입자와 어떻게 상호 작용하는지를 연구할 수 있다. 500기가전자볼트보다 더 높은 에너지로 올리는 것 또한 가능하다.

미래형 원형 가속기와 선형 가속기가 현재 연구되고 있다. 그러나 FCC나 ILC 등은 건설에 막대한 비용이 요구되므로 각 나라의 비용

분담, 어느 나라가 유치하느냐 하는 등의 숙제가 있다. 앞서 밝힌 대로 LHC는 14테라전자볼트에서의 양성자-양성자 충돌의 가동을 향후 10년 넘게 할 것이다. 이 기간 동안에 인류가 몰랐던 새로운 물리 현상이 발견될지도 모른다. 이번에 발견된 새로운 입자와 더불어 14테라전자볼트 에너지에서 발견될지도 모르는 새로운 물리 현상은 차세대 가속기 프로젝트의 현실화에 커다란 도움이 될 것이다.

현재 FCC는 CERN을 중심으로 중국에서 이 관련 워크숍을 지난 12월에 열어 관심을 보이고 있고 ILC는 일본이 많은 관심을 보이고 있다. 앞으로 미국이 어떻게 관심을 보일지도 귀추가 주목된다. 물론 전 세계적으로 FCC나 ILC 가속기는 막대한 비용이 소요되는 만큼 둘 중의 하나를 지어야 한다. 새로운 에너지에서 실험을 2015년부터 시작할 LHC가 매우 중요한 변수로 작용할 것이다. 어떻게 할지는 새로운 에너지에서의 LHC 실험 결과를 두고 보는 것이 가장 타당한 방법일지도 모른다.

향후의 이러한 옵션들은 자신이 살고 있는 이 우주를 이해하고자 하는 본능에 집착을 보이는 인류의 알고자 하는 노력의 일환이다. 아무리 많은 시간이 소요된다 할지라도 인류의 모험과 도전은 계속될 것이며 이는 인류가 다른 동물과는 다른 독보적인 개체라는 것을 증명하는 또 다른 반증이기도 하다.

에필로그
새로운 탐색의 여정

이 책은 기본적으로 입자 물리학에 대한 책이다. 입자의 발견을 통한 새로운 자연 현상의 탐색이라는 지상 과제 앞에서 과학자들은 펨토(femto, 10^{-15}) 수준의 대단히 작은 세계를 탐구하고 있다. 이러한 작은 세계의 탐구를 위해 페타(peta, 10^{15}) 수준의 도구를 이용하고 있다. 극미의 입자가 충돌해 만들어 내는 극한의 에너지 속에서 일어나는 사건을 관측함으로써 앎의 영토를 확장하고 미지의 영역에 대한 지도를 그리고자 최선을 다하고 있는 것이다. 이 노력은 우리 우주의 현재뿐만 아니라 과거, 특히 우리 우주가 처음 태어난 순간, 그 언저리의 시공간을 이해하는 데에도 본질적인 도움을 준다. 기본 입자에 대한 더 깊은 이해가 무한정 팽창해 가는 우주 전체의 생성과 진화를 좀 더 폭넓게 이해하는 데 열쇠가 된다는 것이다.

힉스 입자가 발견된 작금에 표준 모형의 지위는 더욱 확고해졌다.

동시에 어느 선 이상으로는 자연을 정확하게 묘사하지 못한다는 한계 또한 더욱더 분명해지고 있다. 이것이 바로 우리의 지식 체계를 틀 지우고 진화시키는 앎과 모름의 변증법이다.

강력과 전자기약 작용의 통일적 통합은 가능한가? 경입자와 쿼크의 질량 차이는 무엇 때문일까? 무엇이 기본 입자의 질량을 결정하는가? 왜 쿼크와 경입자는 족을 구성하고 있는 것일까? 왜 이 입자들은 서로 다른 전하량을 가지는 것일까? 현재 알려진 기본 입자가 정말 이 우주상에 존재하는 기본 입자의 전부인가? 그 기본 입자들은 현재 알려지고 있는 것과는 달리 하부 구조를 갖고 있지는 않을까? 새로운 발견은 새로운 질문을 끝없이 낳는다.

LHC의 가동으로 인류의 자연 탐구에 새로운 지평이 열렸다. 지난 2년간의 가동은 사실상 향후 수십 년 가동을 위한 시험 가동인 셈이다. 그럼에도 힉스 입자의 발견이라는 대단한 성과를 창출했고 14테라전자볼트라는 인류 역사상 가장 강력한 에너지에서 우주는 새로운 자연 현상을 드러낼지 매우 궁금하다. 향후 10년이 매우 중요한 이유가 여기에 있다.

지구의 나이 45억 년에 인류가 등장한 지 100만 년이라 가정하고 말이라는 동물이 인간의 교통 수단으로 등장한 것은 아마도 약 6000년 전 쯤으로 추정되고 있는데 주 교통 수단이 말에서 자동차로 바뀐 것은 불과 100년이다. 수천 년 동안 말이 교통 수단이었다가 갑자기 자동차가 100년 전에 등장한 것이다. 이 기술적 혁명은 모든 분야에서 나타나고 있다. 오늘날만큼 새로운 지식이 폭발적으로 쏟아져 나온 때는 일찍이 없었으며 장구한 인류 역사에 비교하면 그 기간은 턱없이 짧다.

현대 물리학의 눈부신 발전은 불과 100년 만에 인류의 이해적 한계를 작게는 펨토, 크게는 페타급으로 만들어 놓았다. 수 테라전자볼트의 에너지가 현재 인간이 성취할 수 있는 가장 높은 에너지이다. 그러나 우주가 탄생했을 때의 에너지는 이보다 10^{16}배 더 높았을 것으로 추정된다. 이 에너지 영역에서의 실험이 가능하도록 하려면 오늘날 인류의 기술로서는 수천만 킬로미터의 원둘레를 가진 가속기를 건설하는 수밖에 없다. 수천만 킬로미터의 길이는 빛이 수십 일간 진행해야 도달할 수 있는 거리이다. 물론 당연히 불가능한 영역이다.

그러나 자신이 살아가는 자연을 이해하는 것에 대해 거의 본능에 가까운 집착을 보이는 인류는 아무리 많은 시간이 소요된다 할지라도 그들의 모험과 도전을 포기하지 않을 것이며, 또 언젠가는 뜻한 바를 이루어낼지도 모른다. 결국 물질의 궁극적 구성을 찾고자 하는 인류의 노력은 인류가 존재하는 한 계속될 것이다.

후주

1) CERN은 [세른] 또는 [선]으로 읽는다. 프랑스 어 Conseil Européen pour la Recherche Nucléaire(European Council for Nuclear Research)의 첫 글자를 딴 것이다.

2) 미국 물리학회에서 발행하는《피지컬 리뷰 레터스(*Physical Review Letters*)》1964년 10월 19일자에 실렸다.

3) 전자와 질량, 스핀 등 모든 물리량이 같으나 전기만 반대인 입자를 반입자(antiparticle)라고 하는데, 양전자는 전자의 반입자이다.

4) 입자들이 실제로 색깔을 띤다는 것이 아니다. 강력 전하의 종류를 구분하기 위해 도입한 개념일 뿐이다.

5) CERN의 입자 물리학자이자 발명가인 카를로 루비아(Carlo Rubbia)는 W와 Z 보손의 발견으로 1984년에 노벨 물리학상을 받았다.

6) 외부의 힘이 없는 상태는 위치 에너지는 없고 운동 에너지만 있는 상태로서 수학적으로 방정식을 풀기가 쉽다.

7) 빛의 속도의 제곱은 전기와 자기 상수를 곱한 값의 역이다. 즉 $c = 1 / \sqrt{\varepsilon_0 \mu_0}$ 로서 여기서 ε_0과 μ_0는 각각 전기장과 자기장의 진공 중에서의 유전율과 투자율로서 이 값들은 상수이다.

8) 곱셈에 대해서는 항등원이 1임을 알 수 있다. 수학에서 곱셈에 대한 군이 대부분이다.

9) 앞에서도 이야기했지만 중요한 사실이므로 다시 한번 강조하자면, 중력은 원자 및 그 이하의 세계에서 너무나도 약한 힘이기 때문에 완전히 무시될 수 있다.

10) 표준 모형의 근간이 된 이 모형은 스티븐 와인버그(Steven Weinberg), 압두스 살람(Abdus Salam), 그리고 셸던 글래쇼(Sheldon Glashow)에 의해 독립적으로 제안되었고 이들은 같이 1979년에 노벨상을 수상했다.

11) 계수라고 표현했지만 수학적으로 정확한 용어는 표현(representation)이다.

12) 지금도 검증 대상으로서 연구되고 있는 초대칭적 SU(5) 모형이나 SU(7), O(10) 모형 같은 것들이 있다.

13) 스핀은 지구의 공전과 자전 중에 자전이라고 생각하면 쉽다. 즉 자체가 도는 것이라고 할 수 있지만 양자론에서 양상은 훨씬 복잡하다.

14) 스칼라(scalar)는 크기만 가지고 있는 것에서 방향도 가지고 있는 벡터(vector)와 구별된다.

15) 가상(virtual) 쿼크라고 한 것은 글루온의 상호 작용 사이에 이 쿼크가 있는 게 분명하지만 이 쿼크를 우리가 관측할 수 없기 때문이다. 이 가상 쿼크를 포함시켜 계산하지 않으면 실험값과 일치하는 계산 결과를 얻을 수 없다.

16) 힉스 입자 붕괴 과정에서 방출된 WW나 ZZ 같은 게이지 보손은 곧바로 전자 같은 경입자나 제트와 잃어버린 에너지 형태로 붕괴한다. 따라서 실험 물리학자들은 검출기를 이용해 이 경입자나 제트 등을 찾는다.

17) fb⁻¹(inverse femtobarn)이란 축적된 데이터의 양의 단위이다. 축적된 데이터의 양을 휘도(luminosity)라 한다. 그리고 1000 fb⁻¹ = 1 pb⁻¹(inverse picobarn)이다.

18) 질량 중심 에너지(center of mass energy)는 충돌하는 입자들 에너지의 합이다. 7 테라전자볼트 에너지의 경우 각각의 양성자-양성자 빔은 3.5테라전자볼트의 에너지를 가진다.

19) 갈래비(branching ratio)는 입자 붕괴의 형태의 비율을 말한다. 원래 입자가 붕괴할 때 한 가지로 붕괴하지 않고 여러 가지로 붕괴하므로 각각의 붕괴 형태에 따라 그 비율이 달라진다. 총 붕괴 형태를 100퍼센트로 할 때 각각의 모든 붕괴율을 합하면 100퍼센트가 나온다.

20) 러더퍼드는 이 실험을 며칠에 걸쳐 했다고 한다. 그동안 대부분의 알파 입자는 금박 표적을 그냥 통과했다. 금박에 튕겨 나온 알파 입자는 매우 드물었다. 그러나 러

더퍼드의 아주 예리한 관찰력을 소유한 실험가였다. 그는 그냥 지나칠 수 있었던 작은 결과를 가지고 물리학사에서 가장 커다란 성과를 거두는 데 성공했다.

21) 매우 복잡한 과정의 데이터 분석을 거쳐야 한다. 보통 새로운 입자의 발견을 위해서는 이미 우리가 알고 있는 현상의 반응이 대부분이고 새로운 현상이 매우 드물게 나타나는 것이므로 이들 알고 있는 현상 들을 제거해야만 새로운 현상을 알 수 있다. 이러한 과정이 매우 복잡하다는 의미이다.

23) 양성자가 3개의 쿼크로 구성되어 있다고 해서 양성자의 에너지를 쿼크가 3등분하고 있는 것은 아니다. 왜냐하면 양성자 안의 쿼크들은 각각 색깔 전하를 띠고 있고, 글루온을 통해 결합해 있다. 따라서 1개의 쿼크가 나눠 가지는 에너지는 이보다 훨씬 작다.

24) 리언 레이더먼은 중성미자 발견의 공적으로 1988년 멜빈 슈바르츠(Melvin Schwartz), 잭 스타인버거(Jack Steinberger)와 함께 노벨상을 받았다.

25) 이 가속기는 일본 역사상 처음으로 건설된 입자 물리학 전용 가속기로서 톱 쿼크 발견을 목표로 건설되었다. 비록 발견하지는 못했을지라도 여러 분야에 매우 큰 공헌을 했다. 일본이 기초 입자 물리학 실험 분야에서 세계적으로 발돋움하기 시작한 계기가 되었다.

26) 이 입자를 발견한 UA1 그룹의 대표인 카를로 루비야(Carlo Rubia)와 반양성자를 모으는 기술을 개발한 사이먼 반 데 미어(Simon van der Meer)는 1984년 노벨 물리학상을 수상한다.

27) 쿼크 족의 3세대인 톱 쿼크와 보텀 쿼크의 존재를 제시한 고바야시와 마스카와는 이 공로로 2008년 노벨 물리학상을 수상한다.

28) 물론 그 다음 해 페르미 연구소에서 발견된 타우 중성미자가 기본 입자 가운데 마지막으로 발견된 것이다. 그러나 톱 쿼크 발견의 중요성을 강조하기 위해 '마지막 발견'이라는 표현을 사용했다.

29) 방사성 물질이 방사능을 방출하는 이유는 방출을 통해 안정한 원소로 변하기 위함인데 방출에는 알파, 베타 및 감마 붕괴의 세 종류가 있다.

30) 파장 변이 파이버는 글자 그대로 섬광체에서 생성된 빛의 파장을 바꾸어 주는 역할을 한다. 보통 섬광체로부터의 빛은 파란색인데 파이비가 이를 흡수하여 초록빛으로 바꾼다. 빛을 전기 신호로 바꾸는 광전 증배관(photomultiplier)은 초록색에서 효율이 가장 높기 때문에 섬광체로부터 생성된 파란빛을 초록빛으로 바꾸어 증배관에 보내게 된다.

31) 왼쪽 축은 충돌에 실제로 사용된 에너지를 나타낸 것이다. 전자 같은 경입자를 충돌시키는 실험의 경우 가속시킨 입자, 예를 들어 전자의 에너지가 모두 충돌에 사용된다. 전자가 더 이상 쪼개지지 않는 기본 입자이기 때문이다. 그러나 양성자 같은 강입자(Hadron)는 쿼크들로 이루어져 있어 충돌 시 양성자가 가진 에너지가 쿼크들로 분산된다. 따라서 양성자가 가진 에너지가 모두 충돌에 사용되지 않고 일부만 사용되게 된다. 그래서 2테라전자볼트의 출력을 내는 테바트론의 경우 실제로 충돌에 사용되는 에너지는 0.5테라전자볼트에 불과하다.

32) 여기서 언급되는 대학의 팀이라는 단위는 어느 한 대학의 LHC 실험을 수행하는 전체 구성원을 이야기하는 것이 아니다. 그보다 작은 단위인데 팀의 연구를 총괄하는 교수와 여러 명의 박사급 인력(연구 교수와 박사 후 과정 연구원 등) 그리고 학생들로서 한 단위는 작게는 4명 커도 10명 내외이다. 그러므로 LHC 실험을 수행하고 있는 한 대학에는 여러 팀이 있을 수 있고 대학일지라도 이런 팀이 전혀 없는 곳도 있을 수도 있다.

33) 새로운 게이지 보손을 매우 큰 횡운동량을 가진 전자를 색출해 내 탐색하는 연구를 수행하고 있었다.

34) 2008년에 10테라전자볼트의 에너지로 첫 시험 가동에 들어간 LHC는 일주일 만에 문제가 생겨 가동 중단하고 2010년 가을에 7테라전자볼트의 에너지로 다시 가동을 시작하게 되었다. 이후 매우 성공적으로 가동이 되어 2012년에는 8테라전자볼트의 에너지로서 실험을 수행했고 2013년부터 약 2년 동안 14테라전자볼트로 가동할 준비를 하고 있는 중이다.

35) 유투브 사이트 http://kr.youtube.com/watch?v=BXzugu39pKM&feature=related 참조

36) 전 세계의 모든 LHC 실험 관련 컴퓨터를 하나로 묶는 것을 이른다. 즉 비록 물리적으로 다른 위치에 각각 있어도 하나의 거대한 컴퓨터로 역할을 수행한다. 즉 한국의 사용자가 전 세계에 묶여 있는 어떠한 컴퓨터도 사용할 수 있다.

37) 이 부분에서 독자는 주의할 필요가 있다. 이것은 2012년 현재 8테라전자볼트의 에너지로 가동하는 LHC에서 얻은 결과이다. 향후 14테라전자볼트에서 LHC가 작동하게 되면 수백 개의 양성자가 정면 충돌하게 될 것이고, 우리에게 더 많은 데이터를 가져다주게 될 것이다.

38) 생성된 입자가 10센티미터 거리 안에서 다른 입자로 붕괴되므로 이들 입자의 수명을 유추해 볼 수 있다. 입자들의 속도는 빛의 속도와 거의 같다. 그러므로 초속 30

만 킬로미터의 속도로 오직 10센티미터를 가므로 수명은 거리=속도×시간으로부터 약 10^{-9}초 이하임을 알 수가 있다.

39) 변수라 함은 이상적으로 완전한 모형이라면 모든 물리량을 예측할 수 있어야 함에도 그러지 못하여 많은 물리량이 실험적으로 측정되어야 하기 때문이다.

40) 일반적으로 2개의 전자나 뮤온 또는 하나의 전자나 뮤온으로 붕괴하는 채널은 매우 중요하다. 만약 새로운 현상이 존재한다면 이러한 붕괴 형태를 보이지 않을 것이라는 것은 상상하기 어렵다.

41) 많은 경우, 여분 차원을 검증할 수 있는 채널도 새로운 게이지 입자를 찾는 채널 등과 유사하기 때문에 지금 하고 있는 실험을 통해 동시에 검증할 수 있을 것으로 예상되고 있다.

42) 1이라는 크기는 절대적인 크기이다. 그러나 강력의 크기도 강력에 의해 상호 작용하는 입자가 어떠한 에너지에서 작용하는가에 따라 변한다.

43) 예정대로라면 LHC는 2015년 3월부터 우선 13테라전자볼트에서 가동을 시작하여 14테라전자볼트로 에너지를 높일 계획으로 있다.

참고 문헌

1장 표준 모형과 힉스 입자

이종필,『신의 입자를 찾아서』(마티, 2008년)

곽영직 등,『자연과학의 역사』(북스힐, 2003년)

안세희,『물리학의 현대적 이해』(청문각, 1993년)

David J. Griffiths, *Introduction to Quantum Mechanics* (Prentice Hall, 1994)

William B. Rolnick, *The Fundamental Particles and Their Interactions* (Addison-Wesley, 1994)

J. C. Taylor, *Gauge theories of weak interaction* (Cambridge, 1976)

James Gleick, *GENIUS, The life and science of Richard Feynman* (Pantheon, 1992)

Arthur Beiser, *Concepts of Modern Physics* (McGraw-Hill, 1995)

A. Zee, *Fearful Symmetry* (McMillan, 1986)

I. Aitchison and A. Hey, *Gauge Theories in Particle Physics* (Adam Hilger, 1989)

Nick Herbert, *Quantum Reality* (Anchor Books,1985)

G. 't Hooft, *In Search of the Ultimate Building Blocks* (Cambridge, 1998)

Richard P. Feynman, *QED, The Strange Theory of Light and Matter* (Princeton, 1985)

2장 힉스 입자의 발견

리사 랜들, 이강영 등 옮김, 『힉스란 무엇인가』(사이언스북스, 2013년)

Leon Lederman and Dick Teresi, *The God Particle* (Dell Publishing, 1993)

Dan Green, *Lectures in Particle Physics* (World Scientific, 1994)

V. Barger and R. Phillips, *Collider Physics* (Addison-Wesley, 1987)

ATLAS Collaboration, "Observation of a new particle in the search for the Standard Model Higgs boson with the ATLAS detector at the LHC", *Physics Letters B* 716 (2012) 1-29

CMS Collaboration, "Observation of a new boson at a mass of 125 GeV with the CMS experiment at the LHC", *Physics Letters B* 716 (2012) 30-61

CMS Collaboration, "Study of the Mass and Spin-Parity of the Higgs Boson Candidate via Its Decays to Z Boson Pairs", *Physical Review Letters* 110, 081803 (2013)

CDF and D0 Collaboration, "Evidence for a Particle Produced in Association with Weak Bosons and Decaying to a Bottom-Antibottom Quark Pair in Higgs Boson Searches at the Tevatron", *Physical Review Letters* 109, 071804 (2012)

ICHEP(International Conference on High Energy Physics) presentation, Melbourne, Australia, July 7 (2012)

F. Englert and R. Brout, *Phys. Rev. Lett.* 13, 321 (1964)

P. W. Higgs, *Phys. Rev. Lett.* 13, 508 (1964)

G. S. Guralnik, C. R. Hagen and T. W. B. Kibble, *Phys. Rev. Lett.* 13, 585 (1964).

3장 측정은 물리학의 최종 심판관

김동희, 『톱 쿼크 사냥』(민음사, 1996년)

Peter Watkins, *Story of the W and Z* (Cambridge, 1986)

Seldon L. Glashow, *The Charm of Physics* (Touchstone, 1991)

Gordon Kane, *The Particle Garden* (Addison Wesley, 1995)

W. R. Leo, *Techniques for Nuclear and Particle Physics Experiments* (Springer-Verlag, 1987)

4장 바벨탑의 사회학

토머스 쿤, 김명자 옮김, 『과학혁명의 구조』 (까치글방, 2002년)

칼 포퍼, 박우석 옮김, 『과학적 발견의 논리』 (고려원, 1994년)

노우드 러셀 핸슨, 송진웅 등 옮김, 『과학적 발견의 패턴』 (민음사, 대우학술총서, 1995년)

양승훈 등, 『과학사와 과학교육』 (민음사, 대우학술총서, 1996년)

CMS Collaboration, "Search for heavy gauge boson W' in the final state with an electron and large missing transverse energy in pp collisions at = 7 TeV", *Physics Letters B* 698, 21 (2011)

CDF Collaboration, "Search for a new heavy gauge boson W' with event signature electron + missing transverse energy in ppbar collisions at = 1.98 TeV" *Physical Review D* 83, 031102(R) (2011)

5장 CERN 그리고 LHC

김동희, 「LHC 배경과 전망: 우주의 본질을 밝힌다」, 《과학과 기술》 517권 (2012년 6월호)

이강영, 『LHC, 현대 물리학의 최전선』 (사이언스북스, 2011년)

Design Study of the Large Hadron Collider(LHC), CERN 91-3 (1991)

The Compact Muon Solenoid, Technical Proposal, CERN/LHCC 94-38 (1994)

The Collider Detector at Fermilab, Nuclear Instruments and Methods in Physics Research A (North-Holland, 1988)

CMS Detector Performance and Software, Physics Technical Design Report, CERN/LHCC 2006-001 (2006)

ATLAS Detector and Physics Performance, Technical Design Report, CERN/LHCC/99-14 (1999)

A. Breskin and R. Voss(Edited), *The CERN Large Hadron Collider : Accelerator and Experiments* Volume 1 and 2, Geneva, CERN (2009)

http://cms.cern.ch

http://cern.ch

http://fnal.gov

6장 미래

김동희, 「LHC에서의 새로운 입자 발견의 의의와 전망」,《물리학과 첨단 기술》21 11 (2012)

Michio Kaku, *Beyond Einstein* (Anchor Book, 1995)

Gordon Kane, *Supersymmetry* (Hellix Books, 2000)

Graham G. Ross, *Grand Unified Theories* (Benjamin/Cummings, 1985)

Joseph Silk, *The Big Bang* (Freeman, 1989)

CMS Collaboration, "Search for leptonic decays of W' bosons in pp collisions at = 7 TeV", *Journal of High Energy Physics* 08, 023 (2012)

CMS Collaboration, "Search for narrow resonances in dilepton mass spectra in pp collisions at $\sqrt{s}$ = 7 TeV", *Physics Letters B* 714, 158 (2012)

Gordon Kane(Editor), *Perspectives on Super Symmetry* (World Scientific, 1998)

the ILD Concept Group, *The International Large Detector, Letter of Intent* (FERMILAB=PUB-09-682-E, 2010) (2010)

M. Chalmers, "After the Higgs: The new particle landscape", *Nature* 488, 572 (2012)

Eric Hand, "Muon Collider gains momentum", *Nature* 462, 260 (2009)

ILC Reference Design Report on Accelerator, ILC-REPORT-2007-001 (2007)

The LHC, High Energy Frontier, The European Strategy for Particle Physics Symposium, Krakow, Sept 10-12 (2012)

ILC Technical Progress Report, ILC-Report-2011-030 (2011)

ILC Physics and Detectors, 2011 Status Report, ILC-Report-2011-033 (2011)

ILC web, http://www.linearcollider.org/about/What-is-the-ILC/Facts-and-figures

International Workshop on Future High Energy Circular Colliders, Dec 16-17, IHEP, Beijing China (2013)

High Energy Frontier Workshop, Feb 3-7, CERN, Geneva (2014)

찾아보기

하

도판 저작권

이 책에 사용된 도판 중 일부는 CERN을 비롯한 여러 연구 기관의 허락을 받고 인용 및 사용한 것입니다. 저작권법에 의해 한국 내에서 보호를 받는 저작물이므로 무단 전재와 무단 복제를 금합니다.

바벨탑의 힉스 사냥꾼

1판 1쇄 찍음 2014년 9월 23일
1판 1쇄 펴냄 2014년 9월 30일

지은이 김동희
펴낸이 박상준
펴낸곳 (주)사이언스북스

출판등록 1997. 3. 24.(제16-1444호)
(135-887) 서울시 강남구 도산대로1길 62
대표전화 515-2000, 팩시밀리 515-2007
편집부 517-4263, 팩시밀리 514-2329
www.sciencebooks.co.kr

ISBN 978-89-8371-678-1-1 03420